FUSHE FANGHU SHIYAN JIAOCHENG

# 辐射防护实验教程

## （含报告册）

张晓红　刘希琴　凌永生　编著

西北工业大学出版社

**【内容简介】** 本书主要包含实验基础知识和实验操作两部分内容,实验操作部分涉及辐射剂量学、放射卫生防护及放射生物学 3 个学科的 22 个基础实验。

本书可作为辐射防护及核安全、核技术、放射医学、预防医学及医学物理专业本科生的实验课教材。

**图书在版编目(CIP)数据**

辐射防护实验教程:含报告册/张晓红,刘希琴,凌永生编著. —西安:西北工业大学出版社,2016.7

ISBN 978 - 7 - 5612 - 4989 - 5

Ⅰ.①辐⋯　Ⅱ.①张⋯②刘⋯③凌⋯　Ⅲ.①辐射防护—实验—高等学校—教材　Ⅳ.①TL7 - 33

中国版本图书馆 CIP 数据核字(2016)第 184405 号

**出版发行**:西北工业大学出版社

**通信地址**:西安市友谊西路 127 号　**邮编**:710072

**电　　话**:(029)88493844　88491757

**网　　址**:www.nwpup.com

**印　刷　者**:陕西博文印务有限公司

**开　　本**:787 mm×1 092 mm　　1/16

**印　　张**:9.75

**字　　数**:228 千字

**版　　次**:2016 年 7 月第 1 版　　2016 年 7 月第 1 次印刷

**定　　价**:25.00 元

# 前　言

　　为了抢占科技发展的制高点，提高国际话语权，同时也为了提高民众的生活质量，越来越多的国家参与开发利用核技术。核武器是核技术研究开发的最初目的，其破坏力和杀伤力世人尽知，虽然国际社会制定了制约核武器发展的协议，但目前世界政治军事格局暗流激涌，和平态势岌岌可危，多国政府正在偷偷大力开发核武器，核战争事实上离我们并不遥远。除了核战争之外，当前国际恐怖分子活动猖獗，由于核攻击所能产生的社会破坏力是无法估计的，因此核恐怖袭击(脏弹，又称"放射性炸弹")是他们在可能的情况下的第一选择。在能源开发方面，我国也处在积极发展和实施核电战略的时期，现已投运的核电站机组 27 台，总装机容量 $2\,550\times10^4$ kW；正在建设的核电机组 25 台，总装机容量 $2\,751\times10^4$ kW；拟建设的核电站达 25 个，覆盖了经济发达的东南沿海以及部分内陆地区。上述核武器发展现状和核能利用态势意味着我们必须未雨绸缪，优先发展和掌握环境和人体的辐射防护技术，才有可能在突如其来的危机中立于不败之地。《辐射防护实验教程》依托辐射防护学所研究的内容和方向，构建相关实验内容，希望读者在完成本教程的实验项目之后，能够加深对辐射防护学理论知识的理解；通过实验操作加强专业实验技能的训练，提高辐射防护专业人员的实际工作能力，培养和储备辐射防护类人才。

　　本实验教程共有 22 个实验项目，包括辐射场剂量率的监测、环境中氡元素的监测、放射卫生防护及放射生物损伤等相关实验内容，适用于高等学校核技术、辐射防护及辐射安全、放射医学和预防医学等专业的本科教学。本实验教程的实验项目涉及的学科较多，各专业在教学中可根据自身的实际条件，优选组合使用。

　　本实验教程由张晓红、刘希琴、凌永生共同编著，其中张晓红负责编写第 1 部分、第 2 部分实验 2.1～2.4、实验 2.7～2.16 和附录，刘希琴负责编写第 2 部分实验 2.17～2.22，凌永生负责编写第 2 部分实验 2.5～2.6。目前尚无辐射防护专业专门的实验教材，笔者也是第一次在辐射剂量相关实验的基础上加入放射卫生防护及放射生物损伤实验内容，由于本教程涉及的学科知识广泛，因而本书肯定存在一些缺点和不足，需要在今后教学实践中不断修正，敬请各位同仁和广大读者指正。

　　编写本书曾参阅了相关文献资料，在此，谨向其作者深表谢意。

　　非常感谢在本书编写过程中提出宝贵意见的各位同事们，同时也非常感谢在本书编印过程中，参与编审、校对和印刷的全体工作人员。

编　者

2016 年 4 月

# 目　录

# 第 1 部分　辐射防护实验基础知识

辐射防护的对象是环境和人,本实验教程第 1 部分着重介绍了辐射防护的基础知识以及人体辐射损伤的机制和表现,为第 2 部分的实验操作奠定理论基础。

## 1.1　辐射防护目的和原则

辐射防护的目的是在不过分限制对人类产生照射的有益实践基础上,有效的保护人类健康,防止有害的确定性效应的发生,并将随机性效应的发生率降低到可接受的水平,以推动合理的应用防护手段来降低辐射带来的伤害。确定性效应专指有照射剂量的起点阈值而导致发生的生物体的损伤,故只有大剂量照射才会发生这类有害组织反应,例如原子弹爆炸以及较大核与放射事故引发的放射病、放射性损伤以及至少一次大剂量(6 000 mGv)吸收剂量照射可以致死等。随机效应包括致癌效应和遗传效应,是对人作用的远期效应。这种损害是没有阈值的,其发生概率随剂量的增加而增加,但其严重程度与剂量无关。

电离辐射的各种实践都需要具有正当的理由。若要引入的某项实践不能带来超过代价的纯利益,则不应进行此种实践,这就是实践的正当性原则。只有保证终生受到的照射不会达到非随机性的阈值剂量,就可以避免非随机性效应的发生。而限制随机性效应的办法是使一切有正当理由的照射保持在可以合理达到的尽量低的水平,这就是辐射防护的最优化原则。为了对受照者提供足够的防护,在满足正当性和最优化的前提下,还必须对个人受照施加限制,制定适当的剂量限值,这就是当量剂量限值化原则。

## 1.2　辐射防护标准的发展

标准是指对重复性事物所做的统一性规定,它是以科学技术和实践经验的综合成果为基础,经有关方面协商一致,由主管机构批准以特定形式发布的作为共同遵守的准则。由国际标准化组织(International Standardization Organization,简称 ISO),国际电工委员会(Electrotechnical Commission,简称 EC)和国际电信联盟(International Telecommunication Union,简称 ITU)3 个组织制定的,或者由他们确认并公布的标准称为国际标准。

经 ISO 确认的辐射安全及防护机构有国际原子能组织(International Atomic Energy Agency,简称 IAEA),国际放射防护委员会(International Commission on Radiological Protection,简称 ICRP),国际辐射单位与测量委员会(International Commission on Radiation Units and Measurements,简称 ICRU)和世界卫生组织(World Health Organization,简称 WHO)。国际区域标准是指世界某一区域标准化团体所通过的标准。国家标准是指国家层面制定的标准。我国还根据标准的性质不同,将国家标准分为强制性和推荐性标准两大类。

我们国家对于辐射防护标准的制定十分重视,根据科学理念的更新和实践应用的需要不断进行更新修订。《放射卫生防护暂行规定》(1964 年),《放射卫生防护规定》(1974 年),《放射卫生基本标准》(GB4792－84,1884,卫生部),《辐射防护规定》(GB8703－88,1986,环保部)四部辐射防护标准,目前在用的标准为《电离辐射防护与辐射源的安全标准》(GB18871－2002)。

## 1.3　辐射防护限值

个人剂量限值是指放射性职业从业人员和广大居民个人所受的剂量当量的国家标准限值,它是个人在1年期间受到的外照射所产生的有效剂量与这1年内摄入的放射性核素所产生的待积有效剂量两者之和。个人剂量限制是以器官的平均剂量当量 HT 和人体的有效剂量 HE 形式给出的。

我国《电离辐射防护与辐射源安全基本标准》规定放射性从业人员的个人剂量限值为年有效剂量不超过 50 mSv,5 年平均值不超过 20 mSv;眼晶状体的年剂量当量不超过 150 mSv,对于眼晶体以外的一切组织,规定年剂量当量不超过 500 mSv。学生的个人剂量限值为年有效剂量不超过 6 mSv;眼晶状体的年剂量当量不超过 50 mSv,对于眼晶体以外的一切组织,规定年剂量当量不超过 150 mSv。公众的个人剂量限值为年有效剂量不超过 1 mSv;眼晶状体的年剂量当量不超过 15 mSv,皮肤的年剂量当量不超过 150 mSv。

## 1.4　电离辐射种类及与物质相互作用

电磁辐射是以互相垂直的电场和磁场随时间变化而交变振荡,形成向前运动的电磁波。X 射线和 γ 射线都是电磁辐射,但 X 射线和 γ 射线还可以引起相互作用物质分子的电离,因此又称为电离辐射。X 射线(0.1 keV～10 GeV)和 γ 射线(10 keV～10 MeV)在本质或物理特性上没有什么差别,在电磁辐射能谱中所占范围基本相同,只能从其来源不同加以区分。X 射线是从核外产生的,而 γ 射线是从核内产生。医用 X 射线是用一种电子装置产生的。在这种电子装置中,电子被加速到高能,然后轰击靶材(钨或金)而产生 X 射线。X 射线由两种原子核外的物理过程产生。第一是高速电子在物质中受阻而减速,其能量以电磁辐射形式释放;第二是高速电子与靶原子碰撞,把靶原子内壳层某一能级上的电子击出原子,然后外壳层某一能级上的电子去填补内壳层留下的空位,放出的能量等于这两个能级之差的光子。前者能量为连续谱,最大能量等于轰击靶的电子的动能;后者为几种单能的光子,能量取决于靶原子的电子壳层结构。轰击电子的能量越高,后者所占的比例越小。γ 射线来自于放射性核素的衰变,当不稳定的核分裂或衰变成稳定的核时,多余的能量以 γ 射线的方式释放出来。

X 射线和 γ 射线是最常用的电离辐射,它们与物质相互作用,主要通过光电效应、康普顿效应和电子对 3 种方式转移能量。X 射线和 γ 射线在与物质碰撞时,其能量转移方式取决于射线本身的能量和吸收介质的原子序数。

X 射线或 γ 射线与靶原子的束缚电子相互作用时,光子把全部能量转移给某个束缚电子,使之发射出去,而光子本身消失,这一过程称为光电效应。光电效应发射出来的电子称为光电子。原子吸收了光子的全部能量,其中一部分消耗于光电子脱离原子束缚所需的电离能(电子在原子中的结合能),另一部分就作为光电子的动能。所以,释放出的光电子的能量就是入射光子能量和该束缚电子所处的电子壳层的结合能之差。虽然有一部分能量被原子的反冲核所吸收,但这部分反冲能量与光子以及光电子能量相比,可以忽略。因此,要发生光电效应,γ 光子的能量必须大于电子的结合能。光电子可以从原子的各个电子壳层发射出来,但是自由电子(非束缚电子)却不能吸收入射 γ 光子能量而成为光电子。这是动量守恒原理的要求,在光电效应发生过程中,除了入射光子和光电子外,还需要有一个第三者参加,这就是原子核。严格地讲是发射光电子之后剩余下来的整个原子。它带走一些反冲能量,但这能量非常之小。由于它的参加,动量和能量守恒才能满足。而且,电子在原子中束缚越紧,就容易使原子核参与上述过程,产生光电效应的概率也就越大,所以在 K 壳层上打出光电子的概率最大,L 层次之,M、N 层更次之。如果入射光子的能量超过 K 层电子结合能,那么大约 80% 的光电吸收发生在这 K 壳层。发生光电子效应时,从原子壳层上打出电子,在此壳层上就留下空位,并使原子处于激发状态,这种激发状态非常不稳定,其退激过程有两种。第一种过程是外层电子向内层跃迁来填补这一空位,使原子恢复到较低的能量状态。两个壳层结合能之差就是跃迁时释放出来的能量,这能量将以特征 X 射线形式释放出来。另一种过程是原子的激发能交给外壳层的其他电子,使它从原子中发射出来,这电子就称为俄歇电子。因此在发射光电子同时,还伴随着原子发射的特征 X 射线或俄歇电子,它们可再进一步与靶物质发生作用。

康普顿效应是入射光子与原子的核外电子之间发生的非弹性碰撞过程。这一作用过程中,入射光子一部分能量转移给电子,使它脱离原子成为反冲电子,而光子的运动方向和能量发生变化。康普顿效应与光电效应不同,光电效应中光子本身消失,能量完全转移给电子,而康普顿效应中光子只是损失了一部分能量。光电效应总是发生在束缚得最紧的内层电子上,而康普顿效应总是发生在束缚最松的外层电子上。

当 X 射线或 γ 射线从原子核旁经过时,在原子核的库仑场作用下,光子转化为一个正电子和一个负电子,这种过程称为电子对效应。

当 X 射线和 γ 射线的光子能量小于 50 keV 时,以光电效应为主。60~90 keV 时光电效应与康普顿效应并存。当入射光子的能量为 0.2~2 MeV,主要以康普顿效应为主。当能量在 5~10 MeV 之间时,电子对效应逐渐增加。

除了上述 3 种主要相互作用方式外,还有其他一些相互作用方式。

相干散射:低能光子($h\upsilon \ll m_0 c^2$)与束缚电子之间的弹性碰撞,而靶原子保持它的初始状态。碰撞后的光子能量不变,即电磁波波长不变,称为相干散射(汤姆逊散射)。散射光子主要沿入射方向发射。在光子能量低、靶物质原子序数大时,这种相干散射占优势。当入射光子能量高($h\upsilon \geqslant m_0 c^2$),靶物质原子序数低时,这种相干散射与康普顿效应相比可以忽略。如前所述,康普顿散射中,散射前后光子的能量要改变,即电磁波波长要发生变化,所以康普顿散射是一种非相干散射过程。

光致核反应:大于一定能量的入射光子与物质的原子核发生作用,能发射出粒子。这种相互作用的大小与其他效应相比是非常小的,可以忽略不计。

核共振反应:入射光子把原子核激发到激发态,然后退激时再释放 γ 光子。

## 1.5　辐射防护常见定义和单位

放射性活度 A 是放射性核素在单位时间内衰变的原子核数,即

$$A = \mathrm{d}N/\mathrm{d}t$$

放射性活度的单位是 $\mathrm{s}^{-1}$,单位的专用名称是贝克勒尔(Becqueral),简称贝克,单位符号为 Bq。1 Bq 等于 1 $\mathrm{s}^{-1}$,即 1 贝克等于每秒钟核衰变 1 次。放射性物质在单位时间内核衰变数越多,活度越高,放射性就越强。单位质量物质中所含的放射性活度,称比放射性活度

(specific radioactivity)，通常用 $A_m$ 表示，单位是 Bq/kg。

吸收剂量 $D$ 是指当电离辐射与物质相关作用时，用于表示单位质量的物质吸收电离辐射能量大小的物理量，致电离辐射授予某一体积元中物质的平均能量除以该体积元中的物质的质量所得到的商，即

$$D = \frac{\mathrm{d}\bar{\varepsilon}}{\mathrm{d}m}$$

式中　$\bar{\varepsilon}$ —— 平均授予能，是随机量授予能的期望值；

　　　$D$ —— 吸收剂量，单位为 J/kg；吸收剂量的单位专门名称为 Gy，1 Gy = 1 J/kg。

吸收剂量率 $\dot{D}$ 是单位时间内的吸收剂量；定义为某一时间间隔 $\mathrm{d}t$ 内的吸收剂量的增加量 $\mathrm{d}D$ 除以该时间间隔，即

$$\dot{D} = \frac{\mathrm{d}D}{\mathrm{d}t}$$

式中　$\dot{D}$ —— 吸收剂量率，单位为 J/(kg·s)，单位的专门名称为 Gy/s；1 Gy/s = 1 J/(kg·s)。

一般来说，某一吸收剂量产生的生物效应与射线种类、能量及照射条件有关。即使受相同数量的吸收剂量照射，因射线种类和辐照条件不同，其所致的生物效应无论其严重程度还是发生概率都不相同，为统一表示各种射线对机体的危害程度，引入剂量当量的概念。剂量当量是用适当的修正因数对吸收剂量进行加权，使得修正后的吸收剂量能更好地和辐射所引起的有害效应联系起来。设生物组织内某点处的平均吸收剂量为 $D$，任意一种类型的辐射的权重因子为 $W_i$，则该点处的吸收剂量当量为

$$H = D \sum_i W_i$$

式中　$H$ —— 剂量当量，单位为 J/kg，单位专门名称为 Sv，1 Sv = 1 J/kg；

　　　$D$ —— 吸收剂量；

　　　$W$ —— 权重因子（品质因数，又称线质系数），是对相同吸收剂量的不同辐射类型的生物危害性相对大小的评价指数，具体值见表 1.1。

**表 1.1　权重因子与照射类型、射线种类的关系**

| 照射类型 | 射线种类 | 权重因子 $W_i$ |
|---|---|---|
| 外照射 | $x, \gamma$, 电子 | 1 |
| | 热中子及能量小于 0.005 MeV 的中能中子 | 3 |
| | 0.02 MeV 中能中子 | 5 |
| | 0.1 MeV 中能中子 | 8 |
| | 0.5 ~ 10 MeV 快中子 | 10 |
| | 重核反冲 | 20 |
| 内照射 | $x, \gamma, \beta^+, \beta^-$ | 1 |
| | $\alpha$ 粒子 | 10 |
| | 裂变过程中的碎片，$\alpha$ 粒子发射过程中的反冲核 | 20 |

在评价辐射的随机效应的危险程度时，无论全身是受到均匀的照射还是剂量分布不均匀

都应该有一个统一的尺度,为此,ICRP 在 1977 年提出有效剂量当量 $H_E$ 这一概念,它的计算公式为

$$H_E = \sum_T W_T H_T$$

式中　$W_T$ —— 各种组织的辐射危害权重因子;

　　　$H_T$ —— 对应组织的剂量当量。

表 1.2 为 ICRP 推荐的组织权重因子 $W_T$,表中数值适用于不同性别、年龄和职业的人员。

表 1.2　生物组织权重因子

| 组织和器官 | 生殖腺、卵巢 | 骨髓、结肠、肺、胃 | 皮肤及骨 | 其他器官及肌肉 | 全身剩余部分 |
|---|---|---|---|---|---|
| $W_T$ | 0.20 | 0.12 | 0.01 | 0.05 | 0.95 |

# 1.6　核事故分级

由于核及辐射事故是十分敏感的问题,若各国能协商制定基本统一的分类标准,则有利于统一认识,便于迅速及时地向公众通报对核电站安全事件。为此,IAEA 及经济合作与发展组织制定了国际核事件等级,分级的主要依据是对场内场外的影响以及纵深防御降级。核事件的分级仅同核安全或辐射安全有关,较低级别(1~3 级)为事件;较高级别(4~7 级)为事故。详细分级见表 1.3。第一个准则考虑是否有场外释放的存在,该栏中最高的 7 级,相当于具有广泛健康和环境后果的特大事故;该栏最低的 3 级,代表放射性物质有少量的释放。使公众成员受到的最大剂量相当于公众年剂量限值的几分之一。第二个准则考虑事件的场内影响,其范围从 5 级(通常代表堆芯严重损坏的情况)降至 2 级(存在严重污染或工作人员受到过量照射)。第三个准则适用于涉及核电站的纵深防御降级事件。这里纵深防御指核电站设计中有的一系列安全系统,用以防止严重场内与场外的影响。纵深防御考虑的事件从 3 级至 1 级。当某一事件具有一个以上准则所表示的特征时,则按其中任一个准则衡量的最高级别来定级。目前世界上已经发生的 7 级特大核事故为 1986 年苏联切尔诺贝利核电站事故和 2011 年的日本福岛核电站事故。

上述核事件的分级主要是针对民用核设施制定的,对放射性同位素及辐照装置等应用中可能发生的一些辐射事件和事故考虑的比较少。为加强对放射事故的管理,保证放射工作人员及公众的健康和安全,我国将放射事故分为 3 类:一是人员受超剂量照射事故;二是放射性物质污染事故;三是丢失放射性物质(或放射源)事故。此 3 类放射性事故,又可根据人员受照射剂量大小,工作场所或环境放射性污染水平,以及丢失放射性物质的数量(活度),将事故分为放射事件(或 0 级事故)、1 级事故、2 级事故和 3 级事故。

表 1.3　核事件分级表

| 级　别 | 场外影响 | 场内影响 | 纵深防御降级 |
|---|---|---|---|
| 7 级特大事故 | 大量释放:广泛的健康和环境影响 | | |

续 表

| 级 别 | 场外影响 | 场内影响 | 纵深防御降级 |
|---|---|---|---|
| 6级重大事故 | 明显释放:可能要求全面实施事先安排好的对策 | | |
| 5级具有场外危险的事故 | 有限释放:可能要求部分实施事先安排好的对策 | 核反应堆堆芯/辐射屏蔽严重损坏 | |
| 4级无明显场外危险的事故 | 少量释放:公众受到规定限值量级的照射 | 核反应堆堆芯/辐射屏蔽明显损坏/工作人员受到致死剂量 | |
| 3级严重事件 | 极少量的释放:公众受到小部分规定限值量级的照射 | 污染严重弥散/对工作人员有急性健康效应 | 接近事故一丧失安全保护层 |
| 2级事件 | | 污染明显弥散/工作人员受到过量照射 | 安全设施有明显故障的事件 |
| 1级异常 | | | 超出许可运行范围的异常事件 |
| 0级低于本表级别偏离 | 安全上无重要意义 | | |
| 本表级别事件之外 | 和安全无关 | | |

# 1.7　核事故基本特点和防护措施

根据国外资料分析,大型核设施发生事故且有大量放射性物质向大气中释放时,表现出下述特点。

(1)事故发展迅速,整个过程可分为早期,中期和晚期 3 个阶段。

早期是从有严重的放射性物质释放的先兆,即确认有可能使厂区外公众受照射时起,到释放开始后的最初数小时。在早期最大的困难在于事先预计出事故发展过程和气象条件的变化,以及核事故源项不够清楚。因此在早期应尽可能地获得有关放射性物质释放的资料、数据和环境监测的初步结果,这有助于做出是否应采取措施的决定。但由于放射性物质的释放速度、气象条件和其他未知因素的变化,对事件未来发展的预测,可能没有足够的掌握。

中期是从放射性物质开始释放的最初数小时到一天或数天。放射性核素向大气环境释放与其物理特性密切相关,向大气环境释放的放射性核素的顺序为气态物质、挥发性固体和不挥发性固体。一般认为,中期从核设施可能释放的放射性物质大部分已经进入大气环境中,且主要部分已经沉积于地面,除非释放出的仅是放射性惰性气体。放射性物质由释放点到照射点的运输时间,受风速和释放高度等多种因数的影响,但一般情况下输运到 8 km 约需 0.5 ～ 2 h,输运到 16 km 约需 1～4 h。放射性物质可持续释放 0.5 ～1 d 甚至更长时间。苏联切尔诺贝利核电站事故因发生爆炸和大火,不属于一次放射性物质急性释放事故,整个释放时间可达 10 d。

晚期也称恢复期(并非指对核设施进行修复的时间),晚期可能持续较长时间,有些事故可持续数周到数年甚至更长,这取决于释放特点和释放量。在此时期内,做出恢复正常生活的决定,撤销早期和中期的防护措施,其依据是放射性污染水平已明显降低,使公众的受照剂量达到可合理做到的尽可能低的水平,这种降低是通过放射性核素衰变、风吹雨淋和有计划的除污染三者综合作用实现的。核事故期间的照射途径有多种,与辐射应急相关的照射途径见表1.4。

**表 1.4　与辐射应急相关的主要照射途径**

| | |
|---|---|
| | 源与核设施 |
| 外照射 | 烟羽 |
| | 地面的放射性核素污染 |
| | 皮肤和衣服的放射性核素污染 |
| | 吸入烟羽中的放射性核素 |
| | 吸入再悬浮的放射性核素 |
| 内照射 | 食入污染的食物和水源 |
| | 食入来自被污染物质的放射性核素 |
| | 通过皮肤和伤口的吸收 |

(2)释放多种的放射性核素,以不同照射方式作用于组织器官。核反应堆发生事故,放射性物质向大气异常释放情况下,对人体造成危害的放射性核素在事故早期主要为惰性气体和碘,晚期主要是 $^{90}$Sr 和 $^{137}$Cs 等长寿命裂变核素。照射方式以及涉及的主要器官有 $\gamma$ 射线全身的外照射,吸入或食入放射性核素对甲状腺、肺或其他器官的内照射,以及沉积于体表、衣服上的放射性核素对皮肤的照射。这3种照射放射以哪种为主,即何种照射方式所致的剂量大、损伤严重取决于受照情况及不同核素的相对量。

(3)影响范围广,涉及人数多,作用时间长。核反应堆发生事故后,特别是大量放射性物质释放的情况下,由于烟羽漂移,辐射影响的范围很广泛;受照的人数也很多;由于放射性核素的半衰期很长,此外辐射生物远期效应,特别是致癌和遗传效应要进行数十年甚至终生的观察才能做出科学的评价,因而核事故影响时间很长。

(4)造成很大的社会和心理影响。核事故是人为工业灾害,国外几次重大核事故的经验证明,核事故可造成很大的社会心理影响,导致人群心理紊乱、焦虑、恐慌和长期的慢性心理应激。这种不良的社会心理效应,其危害可能比辐射本身导致的后果更严重。实践证明,由于核事故常与电离辐射联系在一起,人们对这类事故更容易产生恐惧心理,其主要原因是从历史上看,核能的利用首先涉及军事领域(核武器),又曾在广岛长崎发生过核战争并造成人员大量的伤亡和大面积的环境污染,并引起持久的健康危险;电离辐射看不见,摸不着;电离辐射不仅可以引起受照者急性的放射病,还可以诱发远期效应;电离辐射所造成的环境污染持续时间非常长。

(5)需要救援的力量非常大。核反应堆发生严重事故其影响范围广,涉及人数多,加上辐射对人体的照射必须借助于特殊仪器才能发现,对辐射损伤的诊断、防治、远期危害评价,以及处理事故的反应和消除放射性污染等工作非常复杂,均需专门技术和设备,因此救援及善后处理往往要投入大量的人力和物力来进行。

对核事故周围居民采取某些具体防护措施可减少人员受照剂量,但采用任何防护措施,在实施时都会带来一定的风险和代价,这不仅是对人员健康的直接影响,也包括对社会和经济某些干扰和破坏,因而决定是否采取某项防护措施的基本原则是:采取该项措施所致的社会代价和风险应小于要避免的辐射剂量所致的代价和风险。

防护措施可分为紧急防护措施和长期防护措施。紧急防护措施是指在事故后短时间内就应做出的措施,这些措施包括隐蔽、服用稳定性碘、撤离、控制进出口通道、临时准备的呼吸道防护、淋浴、洗澡级更换衣服、使用防护服。较长期的防护行动包括临时性避迁、永久性重新定居、控制食品和饮水以及建筑物和土地消除污染等。

核事故发生时伴有持续时间较短的混合放射性核素释放到大气的早期阶段,当烟羽通过时吸入剂量比外照射剂量还大。大多数建筑物可使人员吸入剂量降低约2倍。隐蔽所产生的吸收剂量降低常在几小时后迅速减少,因而对持久释放而言,隐蔽的效果较差。隐蔽在室内也可减少外照射剂量,其效果要视建筑物的类型和结构而定。建筑物越大,减弱效果越明显,砖墙结构建筑物或大型商业结构,可将外照射剂量降低一个数量级或更多,但开放型或轻型建筑物的防护效果比较差。隐蔽一段时间及烟羽过后,隐蔽物内空气中的放射性核素浓度将上升,进行通风是必要的,以便将空气放射性浓度降低到相当于室外较清洁的空气水平。隐蔽时间一般认为不应超过 2 d。服用稳定性碘是减少甲状腺对食入和吸入的放射性碘吸收的一种有效措施。

服用稳定性碘的时间对防护效果有明显的影响,如果在摄入放射性碘以前 6 h 内服用稳定性碘,防护效果最佳,几乎是完全性防护;如果在吸入放射性碘的同时服用稳定性碘,防护效率在 90% 左右。措施的有效性随措施的拖延而降低,但在吸入放射性碘的数小时内服用稳定性碘,仍可使甲状腺吸收的放射性碘降低一半左右。因此尽可能快的服用稳定性碘很重要,理想的做法是在发生任何放射性物质释放前就把稳定性碘发下去。服用稳定性碘一般不是单独采用的防护措施,它常与隐蔽和撤离等措施同时进行。对成年人推荐的服用量为 100 mg 碘,儿童和婴儿用量要相应地减少。

撤离是指人们从其住所、工作和休息场所紧急撤走一段有限时间,以避免或减少由事故引起的短期照射,主要是烟羽或高水平沉积放射性产生的高剂量的照射。在大多数情况下,将允许撤离者返回自己的住所,只要这些住所可以居住又不需要长时间地进行消除污染操作。由于时间较短或暂时居住,可在类似学校及其他公共建筑物内暂住;若撤离超过一周,则应临时避迁到条件更好一点的居住设施内。

个人防护主要指对人员呼吸道和体表的防护。当空气被放射性物质污染时,用简易方法(如用手帕、毛巾等捂住口鼻)可使吸入放射性物质所致剂量减少约 90%。不过防护效果与放射性物质理化状态、粒子分散度、防护材料特点及防护物周围的泄漏情况等有关。对人员体表的防护可用各种日常服装,包括帽子头巾雨衣手套和靴子等。当人们开始隐蔽及由污染区撤离时,可使用这些简易的防护措施。简易个人防护措施一般不会引起伤害,所花代价也小。对于可疑受到放射性污染的人员进行水淋浴除污染,并将受污染的衣服、鞋帽等存放起来,以便后期的监测和处理。不要因人员去污染而耽误撤离或避迁。一旦确定受放射性物质污染地区的人群隐蔽、撤离或避迁,就应采取控制进出口通路的措施。其好处是防止放射性物质由污染区向外扩散,避免进入污染区的人员受照射,还可减少交通事故。

临时避迁是指人们离开某一区域的迁移，并将在一延长的但又是有限的时间内返回原地区。临时避迁的紧迫性要比撤离要小。实施这一措施是为了避免或减少在数月内接收到不必要的高剂量照射，主要是地面沉积放射性的照射。

放射性物质中长寿命放射性核素产生的照射剂量率下降较缓慢，当剩余剂量还很高时，需要采用永久性重新定居的措施。判定永久性重新定居的原则，除了可避免剂量外，还应考虑临时避迁所能承受的最长时限。消除放射性污染既是防护措施，又是恢复措施。防护措施通常是指直接针对受影响的居民，而恢复措施主要针对自然环境和恢复正常生活条件。恢复措施包括建筑物和土地去污染和对污染物的固定、隔离和处置等，尽可能地将环境恢复到事故前的状态。由于去污后就可以恢复某些活动，因而去污通常要比长期封闭污染区的破坏性要小。去污的目的是为了减少来自地面沉积的外照射，减少放射性物质向人体、动物及食品的转移，降低放射性物质再悬浮和扩散的可能性。通常，去污操作开始越早效率越高，这是因为随着时间的增加，污染表面吸附污染物的量在增加；但推迟去污也有好处，因为由于放射性衰变和气候风化可使放射性水平降低，从而减少去污人员的机体剂量。为控制食品和水污染而进行的干预，虽然应及时进行，但通常认为并不是紧急的，多在核事故中后期针对污染水平确定何种干预措施，但首先应加强对食品和水的监测，再确定采用何种方法降低食品及水的污染水平。为降低或防止污染，控制可安排在食品生产和分配的不同阶段进行。对植物或土地的直接处理，可能会大大减少放射性物质吸收到农作物和动物饲料中去。

除上述防护措施外，在严重核事故现场，人员可能受到超过剂量限值的照射，少数场区内人员甚至可引起不同类型不同程度的放射性损伤或其他损伤，需要在不同水平医疗单位进行分级处理。对皮肤污染要及时去污，对体内污染的促排应在专门的医学监护下进行。对受小剂量照射的人员，医务人员应该向他们做好解释工作，以消除顾虑。对决定采取防护措施的地区以外的人员，虽未受干扰，风险也很小，但他们对家人财产等担心，有时也需医务人员进行相应的解释。对受照人员及其后代进行长期医学观察也是一项重要的任务。苏联切尔诺贝利核电事故后，制定了对受照居民和工作人员作长期医学观察的工作。对受照人员进行登记、分类、并根据受照剂量进行有目的的医学监督，以便分析其随机性效应以及对事故的精神心理反应。

如前所述，核事故会对社会造成很大的影响，应采取有效措施减轻或防止其对公众的心理的影响：加强对公众的宣传教育及专业人员的专业知识培训；重视舆论导向，做好信息发布和传播的及时统一和明确；贯彻对公众采取干预行动的基本原则；事先要做好核事故应急的必要准备；加强核技术安全措施和人际关系的研究。

# 1.8　核事故医学应急准备

根据《国家核应急计划》和卫生部发布的《核事故医学应急管理规定》，医学应急的基本任务可概括为四方面：第一，抢救并治疗辐射损伤和其他受伤人员；第二，对食品和饮用水进行应急辐射监测和评价；第三，指导公众采取正确的放射防护、防疫防病措施，并提供必要的医学应急保障，保护公众健康；第四，与有关部门协同，防止或减轻核事故对公众的不良社会心理效应与后果。

核事故或放射性事故的后果和出现的医学问题，主要决定于事故的性质和严重程度。最严重的核事故既可发生放射损伤（全身外照射损伤、体表放射损伤和体内放射性污染损伤），也可发生各种非放射损伤(烧伤、创伤等)和放射性复合伤。在发生严重核动力堆事故时,保护公众既包括对广大居民采取适当的防护措施,也包括撤离过程中与撤离过程后对居民采取的医学保障,对受照人员及其后代进行长期医学观察,以及对救援人员采取的必要的防护措施等。在发生放射性事故时,除对已发现的伤员做妥善处理外,还应查明事故时放射源对其他人员的影响,以便及时发现伤员并作出相应的医学处理。

各级医学应急组织在诊断和治疗放射损伤时,可依照《外照射急性放射病诊断标准》(GB8282-200),《放射性皮肤疾病诊断标准及处理原则》(GB8284-2000)和《放射性核素内污染人员医学处理规范》(GB/T18197-2000)等国家标准进行。我国对核事故受照人员的分级救治实行三级医疗救治体系。

1. 一级医疗救治的组织机构和任务

一级医疗救治又称现场救治或场内救治。一级医疗救治主要由事故发生单位的基层医疗卫生机构组织实施,必要时可请求场外支援。一级医疗救治可在组织自救的基础上,由专门经过训练的卫生人员、放射防护人员、剂量人员及医护人员进行。理想的一级医疗救治机构应该是核实施机构内自己的医疗和防护设施,具有必要的隔离和快速清除放射性污染的设备条件,以及相应的实验室和仪器。一级医疗救治机构的主要任务是发现和救出伤员,对伤员进行初步医学处理,抢救需要紧急处理的危重伤员,具体有以下工作内容。

(1)首先将受照人员进行初步的分类诊断,对需要紧急处理的危重伤员立即进行紧急处理;对无须紧急处理的人员尽快使其撤离事故现场,到临时分类站接受医学检查和处理。

(2)初步估计受照人员的受照剂量,必要时酌情给予稳定性碘和/或抗防药物。

(3)对人员进行体表放射性污染检测和初步去污染处理,并注意防止污染扩散。

(4)初步判断伤员有无放射性核素体内的污染,必要时及早采取阻吸收和促排措施。

(5)收集、留取可估计受照剂量的物品和生物样品。

(6)根据初步分类诊断,确定就地观察治疗或后送,对临床症状轻微、血象无明显变化的可在就近门诊复查,临床症状较重,血象变化较明显的应住院观察治疗,并尽快送到二级医疗救治单位,伤情严重,暂时不宜后送的可继续就地抢救,待伤情稳定后及时后送,伤情严重或诊断困难的,在条件允许下可直接后送到三级医疗救治单位。

(7)填写伤员登记表,并将有关临床资料随同伤员一起后送,伤情严重的应有专人护送,严密观察病情和随时注意防治休克。

在现场实施救护时,应遵循快速有效、边发现边抢救、先重后轻、对危重伤员先抢救后除污染以及保护抢救者的原则。为适用一级救护的需要,对一级医疗救治单位的医务人员和管理人员等要进行技术培训。为保证应急响应的顺利进行,平时还要对工作人员和家属进行普及教育。

2. 二级医疗救治的组织机构和任务

二级医疗救治又称地区救治或当地救治。二级医疗救治机构由核设施所在省市自治区事先指定的应急医疗救治单位组织实施,必要时可请求三级医疗救治单位的支援。二级医疗救治单位同样必须掌握一个多学科、可随时召集提供咨询和专业协助的专家名单,包括外科学、血液学、放射医学和辐射剂量学等方面的专家。二级医疗救治单位要做到让那些在该医院能处理的危重病人得到及时住院和救治处理。尽管在这一级机构不可能拥有大量专门处理核事故伤员的资源,不可能装备隔离室、专门处理放射性污染伤口的手术室和应付突发性事故的救治条件,但也绝不能忽视这部分卫生资源在核事故医学应急中的特殊作用。二级医疗救治机构的主要任务是对中度和中度以下的急性放射病、放射性复合伤伤员、有明显体表和体内放射性污染的人员以及严重的非放射性损伤伤员进行确定诊断与治疗。对中度以上的放射病和放射复合伤伤员进行二级分类诊断,并将重度和重度以上放射病和放射复合伤伤员以及难以诊断和处理的伤员,在条件允许下尽早送到三级医疗救治机构,具体有以下工作内容。

(1)收治中度和中度以下急性放射病、放射复合伤、放射性核素内污染人员和严重的非放射性损伤人员。

(2)对有体表残留放射性核素污染的人员进一步去污染处理,对污染伤口采取相应的处理措施。

(3)对确定有放射性核素体内污染的人员,应根据核素的种类、污染水平以及全身和/或主要受照器官的受照剂量及时采取治疗措施,污染严重或难以处理的伤员可及时转送到三级医疗救治单位。

(4)详细记录病史、全面系统检查,进一步确定伤员的受照剂量和损伤程度,进行二次分类处理。将重度和重度以上急性放射病和放射复合伤病人送到三级医疗救治机构治疗,暂时不宜后送的,可就地观察和治疗,伤情难以判定的,可请有关专家会诊或及时后送。

为适用二级救护的需要,对二级医疗救治单位的医务人员和管理人员等要进行专业教育和培训。

3. 三级医疗救治的组织机构和任务

三级医疗救治又称专科医治,是由国家指定的设有放射损伤治疗专科的综合性医院实施的。三级医疗救治单位应当同时具有处理外照射辐射事故和放射性污染事故的能力。要做好这两类事故的救治工作,需要与相关研究单位或专业实验室密切合作。三级医疗机构医务人员应当全面掌握有关核事故医学应急放射损伤诊断和防治方面的理论与技术,还有熟悉有关隔离和无菌处理技术。涉及的专业人员是多方面的,其中包括辐射剂量学家。辐射剂量学须及时判断受照剂量外,还应提供关于事故受照剂量的空间和时间分布情况,这对预后的判断十分重要。三级医疗救治的主要任务是收治重度和重度以上的急性放射病、放射复合伤和严重放射性核素内污染的伤员,进一步做出明确的诊断,并给予良好的专科治疗。必要时对一、二级医疗救治单位给予支援和指导,具体有以下工作内容。

(1)进行比较全面的放射性污染检测。根据本级救治任务和条件,对伤员做进一步体表放射性污染检测;为了了解体内污染情况,除测量生物样品放射性或核素组成外,还可根据需要进行甲状腺或整体放射性测量,以确定体内污染水平及放射性核素组分。

(2)进行血液学检查。对血细胞(白细胞总数及分类、淋巴细胞和网织红细胞)进行连续动态的观察,尽可能每天一次。必要时,还要对淋巴细胞染色体畸变进行再次检查,以便对外照射损伤程度做出判断。

(3)进行其他检查。必要时应对伤员进行全面的血液学、血液生物化学、细菌学、脑血流图、骨骼 X 线摄片、眼晶体和眼底以及精液检查,以作为临床预后判断和远期效应对比分析的基础。

(4)进行确定性诊断和治疗。各类伤员的确定性诊断和治疗原则按有关标准和建议执行。所谓确定性诊断,是指对各类放射损伤,放射复合伤和非放射伤的类型和程度做出明确诊断,并指出事故前原患疾病对各类损伤的影响。受照剂量较大时,应大致判明照射的均匀度,不均匀照射时,应大致判明不同部位的受照剂量。淋巴细胞染色体畸变率的分布、临床反应(如皮肤红斑及脱毛反应)和局部骨髓细胞学检查结果对不均匀照射的判断有一定的帮助。全身辐射损伤程度的判断,主要依据临床效应,物理剂量和生物剂量的综合分析。无物理剂量和生物剂量可供参考的仅仅依据临床表现判断时,由于个体辐射敏感性的差异和不同指标在不同病程阶段反映的损伤程度的可靠性不一,应尽可能综合分析多种指标做出临床判断。

放射事故受照人员的分级医疗救治参照核事故的分级医疗救治。国家放射事故医学应急管理由国家核事故医学应急组织兼任,卫生部核事故医学应急中心负责全国放射事故医学处理的技术工作。卫生部核事故医学应急中心挂靠在中国疾病预防控制中心辐射防护与核安全医学所,下设 3 个临床部、1 个监测评价部和 1 个技术后援部,第一临床部设在中国医学科学院放射医学研究所和血液病医院;第二临床部设在北京大学第三医院和人民医院;第三临床部设在解放军 307 医院;监测评价部设在中国疾控中心辐射安全所;技术后援部设在军事医学科学院。各专业技术部又下设若干个专业组,具体承担核和辐射应急医学救援准备和响应工作。

## 1.9 人体辐射损伤的机制和症状

电离辐射的生物学作用过程可分为物理、化学和生物学三个阶段。从物理阶段到达可观察的生物学效应的时间范围至少跨越 26 个数量级。表 1.5 描述了电离辐射的生物学作用的时间效应。

**表 1.5 电离辐射生物学作用的时间过程**

| | 时间/s | 作用过程 |
|---|---|---|
| 物理阶段 | $10^{-18}$ | 快速粒子通过原子 |
| | $10^{-17} \sim 10^{-16}$ | 水分子电离成带正电的水离子和电子 |
| | $10^{-15}$ | 激发态水分子形成 |
| | $10^{-14}$ | 离子—分子反应,如 $H_2O^+ + H_2O^- \longrightarrow H_3O^+ + \cdot OH$ |
| | $10^{-14}$ | 分子振动导致激发态解离:$H_2O^* \longrightarrow \cdot H + \cdot OH$(或 $H_2 + O$) |
| | $10^{-12}$ | 转动弛豫,水合电子和水合离子形成 |
| 化学阶段 | $<10^{-12}$ | 电子在水合作用前与高浓度的活性溶质反应 |
| | $10^{-10}$ | 水合电子、羟基自由基等与高浓度活性溶质反应 |
| | $<10^{-7}$ | 云团内自由基相互作用 |
| | $10^{-7}$ | 自由基扩散和均匀分布 |
| | $10^{-3}$ | 水合电子、羟基自由基等与低浓度活性溶质反应 |
| | $1$ | 自由基反应大部分完成 |
| | $1 \sim 10^3$ | 生物化学过程 |
| 生物学阶段 | 数小时 | 原核和真核细胞分裂受抑制 |
| | 数天 | 中枢神经系统和胃肠道损伤显现 |
| | 约 1 个月 | 造血障碍性死亡 |
| | 数月 | 晚期肾损伤、肺纤维样变性 |
| | 若干年 | 癌症和遗传性变化 |

电离辐射作用于人体引发生物活性分子的电离和激发是急性放射病的生物学基础。组成细胞的主要分子为蛋白质和核酸等生物大分子以及水分子。任何处在电离粒子径迹上的分子都可能发生电离。电离辐射的能量直接沉积在生物大分子上，引起生物大分子的电离和激发，导致机体的核酸、蛋白质和酶类等分子结构的改变和生物活性的丧失，这种直接由射线造成的生物大分子损伤效应称为直接作用。如果电离辐射的能量沉积在水分子上，使水分子产生一系列原初辐射分解产物（见表 1.6），然后通过水的辐射分解产物作用于生物大分子，引起后者的物理和化学变化，这种方式称为间接作用。电离辐射间接作用的生物效应和辐射能量沉积发生于不同分子上，其中辐射能量沉积在水分子上，而生物效应发生在生物大分子上。间接作用在电离辐射生物学效应的发生上占有十分重要的地位，这是因为人体的细胞含水量很高。

**表 1.6　水的原初辐解产物（快 $e^-$，$0.1\sim20$ MeV，pH8～13）**

| 产　　物 | G 值 |
| --- | --- |
| $H_2$ | 0.45 |
| $H_2O_2$ | 0.68 |
| $\cdot H$ | 0.55 |
| $\cdot OH$ | 2.72 |
| $e_{aq}^-$ | 2.68 |
| $H_3O^+$ | 2.70 |
| $\cdot HO_2$ | 0.026 |

根据辐射事故所致人的急性放射病临床观察和研究分析，结合动物实验资料，按受照剂量、病程特点和严重程度，将急性放射病分为三型。第一型为骨髓型急性放射病，其照射剂量 $1\sim10$ Gy，主要损伤骨髓等造血免疫系统，在造血和免疫抑制和破坏的基础上，发生以全血细胞减少为主的造血障碍综合症，主要临床表现为出血和感染。第二型为肠型急性放射病，照射剂量大于 10 Gy，在造血及免疫系统障碍的基础上，胃肠道损伤更为突出，小肠黏膜上皮广泛性变性、坏死和脱落，主要临床表现为频繁呕吐、腹泻、腹痛、血水便及水电解质代谢紊乱。第三型为脑型急性放射病，其照射剂量大于 50 Gy，造血、胃肠道严重损伤，同时出现小脑颗粒层细胞、大脑及脑干等部位细胞大面积固缩、坏死和脑循环障碍，临床表现为意识障碍、定向力丧失、共济失调、肌张力增强和震颤、强直性或阵挛性抽搐。

1. 骨髓型急性放射病

轻型骨髓型急性放射病人员受照剂量为 $1\sim2$ Gy，病程分期不明显，照后初期可出现头昏、乏力、失眠、恶心和轻度的食欲减退。约 1/3 病人无明显症状，部分病人照后 $1\sim2$ d 白细胞总数可一过性升高至 $10\times10^9$/L 左右，此后逐渐下降，照 30 d 可降至 $3\times10^9$/L 左右。照后 $1\sim2$ d 外周淋巴细胞绝对值可下降至 $1.2\times10^9$/L 左右，照后 60 d 血象逐渐恢复正常或有小的波动。

中度和重度骨髓型急性放射病人员分别受到 $2\sim4$ Gy 及 $4\sim6$ Gy 剂量的照射，两者临床经过相似，但病情严重程度不同，病程发展具有明显的阶段性，可分为初期、假愈期、极期和恢复期。

初期发生在照后 $1\sim4$ d，主要表现为免疫系统和胃肠系统的功能紊乱，淋巴组织对射线非常敏感，照射后淋巴组织迅速破坏。外周血淋巴细胞迅速减少，病人头昏乏力，食欲减退，恶心呕吐等症状,有些病人还出现心悸、失眠和体温上升等表现。初期呕吐一般持续 1 d,呕吐 3～5 次,还可发生口唇肿胀、皮肤潮红和眼结膜充血等症状。照后数小时至 1 d 内,外周血白细胞可升至 $10×10^9$/L 以上,重度病人升高比较明显。早期白细胞增高是射线照射后引起机体发生应激反应,白细胞释放增多和再分配所致。照后 1～2 d 外周血淋巴细胞绝对值急剧下降,中度病人可降至 $0.9×10^9$/L 左右,重度病人多降至 $0.6×10^9$/L 左右。

假愈期发生在照后 5～20 d。在此期内除稍感疲劳外,其他症状缓解或基本消除,但造血机能继续恶化,病理变化还在发展。外周血白细胞和血小板进行性下降,假愈期有无或长短是判断急性放射病严重程度的重要标准之一。在假愈期末,病人可出现脱发,脱发前 1～2 d 病人往往出现头皮胀痛。重度病例或头面部受照剂量较大者,在 1～2 周内头发可全脱光。全身剂量大于 2 Gy 的病人均有不同程度的脱发,开始时间和严重程度随照射剂量的增加而提前和加重。若照射剂量超过 10 Gy,病人死亡较早,一般不出现明显脱发。全身的毛发包括睫毛、眉毛、胡须、腋毛、阴毛和头发均可脱落,但以脱发最为常见。

极期发生在照射后 20～35 d,极期是急性放射病临床表现最为明显的时期。在造血功能严重障碍的基础上,病人多发生明显的感染和出血。极期持续时间长,表明病情越严重。极期开始的标志:①病人精神、食欲等一般情况再度变差;②出现明显脱发;③皮肤和黏膜出现小出血点;④血沉加快,白细胞数降至 $2×10^9$/L,血小板降至 $20×10^9$/L。表明极期即将来临,当出现发热、明显出血和再度呕吐等临床表现,则提示病程已进入极期。近年来因合理有效的治疗,对重度以下急性放射病病程中常无明显极期表现,此时判定假愈期进入极期可参照血象持续降低(白细胞数小于 $1.0×10^9$/L,中性粒细胞数小于 $0.5×10^9$/L,血小板数小于 $10×10^9$/L)及出现明显脱发作为标志。极期临床表现为以下几点。

(1)全身一般状态恶化。极期时病人再度出现精神变差,明显的疲乏,食欲不佳,有淡漠或全身衰竭。中毒病人可发生明显的呕吐、腹泻和拒食等。体重进行性下降。

(2)造血功能严重障碍。骨髓等造血器官严重破坏,骨髓增生程度低下或极度低下,外周血出现明显白细胞减少和血小板下降。中度可出现轻度或中度贫血,红细胞数可降至 $2.5×10^{12}$/L 以下,重度病人可出现中度或重度贫血。血细胞出现明显质变。

(3)感染是极期主要症候。因造血功能衰竭,皮肤黏膜屏障功能破坏,免疫功能低下,易产生感染并发症。早期主要是以口腔革兰氏阳性球菌为主,易出现牙龈炎、咽喉炎、扁桃体炎、舌及口腔溃疡及坏死,口腔感染可引起局部疼痛、进食困难。局部感染灶如处理不当可能发展为全身性感染;晚期则以革兰氏阴性杆菌多见,还可发生肺炎、尿路感染和肠道感染等。在重度病人极期的感染症状较严重易发生败血症。感染多发生在白细胞数低于 $2×10^9$/L 时,白细胞数越低,感染发生率越高且程度越严重。感染后,病人可出现周身不适、畏寒,体温升高。除细菌感染外,重度病例常发生口腔和口唇单纯疱疹病毒感染和霉菌感染。全身感染可加重造血功能障碍,加重出血、胃肠紊乱和物质代谢失调等临床表现,使病人全身状态恶化。感染是造成病人死亡的主要原因。

(4)出血。出血是骨髓型急性放射病极期另一种常见临床表现。极期开始时,中度或重度病例血小板数低于 $20×10^9$/L 时常发生出血。口腔黏膜和皮肤常见点状或斑片状出血。重度病人可发生眼中出血,如鼻出血、尿血、便血、咯血、呕血和子宫出血。出血可累及脏器,如肺出血、肾上腺出血、心肌出血和脑出血等。另外,在发生感染的部位多伴发出血。出血可造成贫血、加重造血障碍、促进感染,造成全身或局部代谢紊乱,从而加重病情。重要器官大出血可造成死亡。

　　(5)胃肠道损伤。由于肠道上皮细胞出现坏死、脱落和绒毛裸露,大量液体渗漏肠内细菌和毒素入血。患者出现恶心、呕吐、腹胀、腹泻、便血和大肠杆菌败血症。重度以上型放射病时胃肠道损伤较严重。腹部照射剂量过大时可发生肠套叠或肠麻痹等严重并发症。

　　(6)物质代谢紊乱。由于感染、高热及呕吐、腹泻可引起电解质紊乱和酸碱平衡失调,患者表现脱水、低血钾、酸中毒、血清总蛋白含量降低、血非蛋白氮和肌酐含量升高等。

　　恢复期出现在照射后 35～60 d。中度和重度骨髓型急性放射病人经治疗后,一般都可度过极期在照射后 5～7 周进入恢复期。照射后第 4 周,骨髓内最早恢复的是红系造血细胞(尤其是中幼红);骨髓内淋巴细胞含量逐渐下降,幼稚或成熟的单核样细胞逐渐增多,此现象常是粒系造血恢复的先兆。粒系造血恢复较红系造血晚几天。骨髓早期再生呈岛状分布,骨髓细胞恢复也较外周血细胞快。外周血中首先是网织红细胞升高,接着是单核细胞,然后嗜碱、中性和嗜酸粒细胞逐渐恢复,淋巴细胞在白细胞中恢复较慢,白细胞总数增多后血小板增加,红细胞和血红蛋白最后恢复。照后 50～60 d 白细胞数可恢复至 $3～5×10^9/L$,血小板数恢复近正常。随着造血的恢复,病人自觉症状也逐渐减轻或消失,体温渐正常;照后 2 个月末毛发开始再生,逐渐恢复正常。2～4 个月后免疫功能和血红蛋白才基本恢复至照前水平,性腺恢复最慢,精子损伤变化在照后 7～10 个月最明显,1 年以后才开始恢复,2 年以后才能恢复生育能力。6 Gy 以上照射后可能造成绝育,重症病人生育功能很难恢复。

　　极重度骨髓型急性放射病与重度病例的临床经过和主要症状大体相似,惟病情更为严重,临床症状更多更重,发生的时间更早且持续时间更久,病程发展更快,自行恢复的可能明显降低,死亡率显著增高,其主要有下述临床特点。

　　(1)受照剂量多为 6～10 Gy,发病快,假愈期不明显。在照后 1 h 内出现恶心、反复呕吐、面部潮红、精神变差、食欲减退或拒食,腹泻、极度衰竭。

　　(2)造血系统损伤更为严重,部分病人造血不能自行恢复。照后数小时外周血白细胞数可升高至 $10×10^9/L$,然后很快下降。照后 7～8 d,可降至 $1×10^9/L$ 以下,无暂时性回升。照后 1～2 d 外周血淋巴细胞绝对值可降至 $0.3×10^9/L$ 左右。照后第 2 d 血小板数可降至 $1×10^9/L$ 或接近 0。

　　(3)临床症状重,照后 1～2 周进入极期,出现精神衰竭、拒食、反复呕吐、腹泻发生早期出现柏油便或稀水便、高热和明显出血、脱水、电解质紊乱、酸中毒比较明显。多发生严重的真菌感染,其中最多见者为肺曲霉菌和白色念珠菌感染;还可发生的病毒性感染,例如疱疹病毒、巨细胞病毒。部分病人发生放射性间质性肺炎多由于超剂量导致的。

　　**2. 肠型急性放射病**

　　诱发肠型急性放射病的剂量范围较大,一般为 10～50 Gy。肠型急性放射病是以胃肠道损伤为基本病变,具有初期、缓解期和极期 3 阶段病程的急性放射病。初期症状表现为照后 1 h 内出现严重恶心,频繁呕吐,1～3 d 内出现腹泻、腹痛和腮腺肿痛,初期症状持续 2～3 d 进入缓解期;缓解期持续 3～5 d;照后 5～8 d 进入极期;极期重新出现严重恶心、呕吐、血水样或稀水样便,每日腹泻次数最多可达 20～30 次,排出物含有肠黏膜脱落物,常有里急后重,伴有腹痛,体温 40 ℃ 以上。由于体液大量丧失,可发生水电解质平衡失调、酸中毒、血液浓缩、血红蛋白升高、血压下降、尿闭、严重微循环障碍和败血病、中毒性休克导致的死亡;同时发生胃肠穿孔、腹膜炎、肠梗阻和肠套叠等并发症。经治疗后存活时间稍长的机体可因造血衰竭、肠套叠、心室衰竭和内脏出血而死亡。临床上又将肠型急性放射病分为轻、重两度,照后小肠隐窝细胞有再生能力并能修复损伤的肠道黏膜者为轻度肠型急性放射病,不能修复者为重度肠型急性放射病。

3. 脑型急性放射病

脑型急性放射病是机体受到 50 Gy 以上照射,以脑和中枢神经系统损伤为基本病变,具有初期和极期两阶段病程的极其严重的急性放射病。照后立即或数分钟后出现恶心、呕吐、腹泻、精神不振、全身虚弱、心跳加快、呼吸急促和血压下降;随即出现站立不稳、步态蹒跚和共济失调症状(主要由小脑和基底核的神经细胞变性坏死所致);大脑皮层神经细胞变性坏死可引起抽搐、角弓反张、定向力丧失、意识障碍及眼球震颤(迷路和小脑损伤)、肌张力增强,皮肤震颤可由锥体外系损伤引起。此型放射病可引起休克、昏迷,照后 1～3 d 死亡。

## 1.10　核武器的辐射杀伤及防护

核武器又称原子武器,是利用原子核裂变或聚变反应,瞬间释放出巨大能量,造成大规模杀伤和破坏作用的武器。原子弹(裂变)、氢弹和中子弹(聚变)统称为核武器。核武器早期辐射为核武器爆炸最初十几秒钟内释放出来的 γ 射线和中子流,因其有很强的穿透能力,又称为贯穿辐射。γ 射线主要来源于核武器 200 多种放射性核素的裂变碎片;其次来源于氮原子核俘获裂变和聚变反应释放中子的过程;此外,还有一小部分来源于氘氚聚变反应。中子主要来源于裂变和聚变反应。在早期核辐射中,γ 射线和中子流的比例受核武器性能、爆炸当量、爆炸方式以及距爆心距离等因素影响。小当量核武器爆炸的早期核辐射中子比例大于大当量爆炸,距爆心越远,中子比例越少。核武器早期核辐射的特点为传播速度快,穿透能力强,作用时间短,其中中子的作用还会产生感生放射性。放射性沾染是指核武器爆炸产生的放射性落下灰对人员、物体、地面造成的污染。裂变碎片、未裂变核填料和弹体等物质,及爆炸产生的感生放射性核素在高温下气化,分散在火球内,当火球冷却成烟云时,与烟云中的微尘及由地面上升的尘土凝结成放射性微粒,这些颗粒受重力作用向地面沉降,称放射性落下灰,其主要成分为 200 多种放射性核素。放射性落下灰在水中的溶解度比较小,为 10% 左右,在酸性溶液中溶解度高,可达 50% 左右。放射性落下灰的比活度随粒径的增大而降低。

早期核辐射贯穿能力很强,但是一定厚度的土层或钢筋混凝土建筑都可以削弱核辐射。一定厚度的材料屏蔽是防护早期核辐射的唯一措施。早期核辐射的作用只是在爆炸的一瞬间,其持续时间只有 15 s,因此做好爆炸瞬间的防护,就可以减轻早期核辐射的伤害。放射性落下灰的沉降有一个时间过程,沉降时和沉降后均可用仪器探测。因此发现闪光后,尚有足够时间准备应付,或迅速撤离,或推迟进入沾染区,或采取简易有效的防护措施,均能避免或减轻落下灰放射性对人体的损伤。

战时核辐射剂量控制不同于平时辐射防护剂量限值。制定战时核辐射剂量控制限值的依据是受到这种剂量照射的人员,一般不影响作战能力,但可能产生一些轻微的放射反应,不需处理,在短期内即可自行恢复,且不会遗留明显的后患。从战时条件来看,是可以接受的。具体剂量控制限值如下:

(1)一次全身照射接受的剂量应控制在 0.5 Gy 之内,当受到 0.5 Gy 照射后的 30 d 内,或受到 0.5～1 Gy 照射后的 60 d 内,不得再次接受照射。

(2)多次全身照射,年累积剂量应控制在 1.5 Gy 以内,总累积剂量不得超过 2.5 Gy。

(3)由于军事任务的需要,必须超过上述规定的控制剂量时,由上级首长权衡决定人员接受的照射剂量,并应采取相应的防治措施。

核武器爆炸时放射性落下灰的防护措施有以下几项。

（1）使用防护器材，比如说穿戴制式个人防护服装，戴口罩，扎紧领口、袖口和裤子下摆，戴上手套等，这些防护措施对于防止落下灰进入体内或沾染皮肤有良好的效果。

（2）利用车辆、工事、大型兵器或建筑物进行防护。

（3）在进入沾染区前，预先服用碘化钾 100 mg；如事先没有服用，在撤离沾染区后应立即补服。

（4）人员撤离沾染区后和使用疑有放射性沾染的物品前，必须进行沾染检查，超过沾染控制值的应进行消洗和除沾染。对人员和服装装具的除沾染包括用湿毛巾擦拭或清水清洗人体暴露部位，特别是眼角、耳窝、鼻孔和鬓角等处部位。对于严重沾染人员可采用淋浴或水冲洗全身，其消除率在 95％左右。对服装装具可采用清水少加点洗涤剂进行清洗消除，其消除率可达 90％。粮食除沾染主要采取过筛，加工脱壳，吹风和水洗的方法。饮水的除沾染方法包括土壤净化法，吸附混凝法、过滤法、纯水器净化法等。对于受沾染的蔬菜，剥去外皮，去其根、皮后用水清洗即可；肉类采用热水多洗几次，其消除率也可达 90％以上。

## 1.11　辐射防护实验操作规章制度

辐射防护实验是多学科交叉实验课程，涉及使用放射源，因而我们制定了相关的实验管理制度。

**1. 学生实验守则**

（1）学生实验课前必须认真预习实验内容，明确实验目的和要求，熟悉实验步骤，严格按照实验步骤、规程进行操作。

（2）上实验课必须携带该科课本和实验报告册等，在任课教师的管理下，学生在课前有秩序进入实验室。

（3）实验室内不准大声喧哗，不准带零食和与实验无关的物品进入实验室，以防发生危险。

（4）学生必须使用自己固定的实验桌凳。学生应做到课前检查实验桌凳是否完好；本次实验的仪器设备、工具、元器件及材料是否符合实验所要求的名称、型号、规格、数量及技术状态；若有不符、损坏等及时向指导教师报告。实验过程中，若有仪器或设备等损坏，应立即向任课教师和实验教师报告。实验中实验桌凳和仪器出现损坏由该桌使用人负责，须照价赔偿。

（5）爱护公共财物，禁止在实验室随处乱涂乱画，乱丢杂物，故意损坏桌椅、墙壁、水管、仪器等。

（6）任课教师和实验教师课前课后做好实验仪器和实验设备的交接工作，任课教师应该严格要求学生，保证实验按规程进行，及时制止与实验无关的活动，杜绝事故隐患。上课期间由于违规操作造成的设备损坏和人身伤害，由任课教师负责。

（7）实验后及时整理仪器，刷洗试管、烧杯等。学生离开实验室前要清理干净自己使用的实验桌、摆放好实验凳及实验用品。

**2. 实验用放射源管理方法**

（1）放射源置于固定存放地点。将放射源储存在加有铅砖的专门保险柜里，并且严禁将放射源与非放射性物质混放。操作台上的装置源周围放置铅砖作为可移动式屏蔽物。

（2）使用放射源要进行登记。教学实验零散使用的放射源，必须每天收回保险柜并加以清点，严防丢失。

（3）院系放射性实验室之间借用放射源必须上报学校技术安全管理科审批，系内实验室之间借用放射源必须登记、备案。放射源使用完毕，须立刻归还借源部门并予以注销。

（4）由辐射安全管理员负责放射源的日常使用情况。实验时，只有辐射源的保管员才能从保险柜中取出放射源，实验结束后应立即归还并做记录

（5）建立放射源账目。实验室对各放射源实行统一编号，一源一号，源表面注有核素名称、活度及编号，存源容器上面标有同样的标签。每个实验室汇总各自放射源的详细信息，制成放射源明细表，上报学校，系内备案留档。各实验室做到账目清晰，定期清点，账物相符。

（6）学生使用放射源时必须从实验课老师处领用，学生使用放射源时实验老师必须在现场并跟踪至实验结束。

（7）学生使用放射源时态度严肃，不可打闹开玩笑。

3. 生物实验室管理规定

（1）实验室生物安全涉及人类生存环境的安全，国家对生物安全的管理高度重视，各有关实验室也必须高度重视实验室生物安全，必须有效监控和预防实验室生物污染，要定期检查和自查，发现安全隐患要及时报告并处理解决。

（2）实验室安全管理人员要根据本实验室具体情况，制定实验室生物安全操作规程，并对进入实验室进行实验的学生进行生物安全知识教育和培训。

（3）生物类实验室废弃物（包括动物残体等）应用专用容器收集，进行高温高压灭菌后处理。生物实验中的一次性手套及沾染 EB 致癌物质的物品应统一收集和处理，不得丢弃在普通垃圾箱内。

4. 实验室消防管理规定

（1）实验室内必须存放一定数量的消防器材，消防器材必须放置在便于取用的明显位置，指定专人管理，全体人员要爱护消防器材，并且按要求定期检查更换。

（2）实验室内存放的一切易燃、易爆物品（如氢气、氧气等）必须与火源、电源保持一定距离，不得随意堆放。使用和储存易燃、易爆物品的实验室，严禁烟火。

（3）不得乱接乱拉电线，不得超负荷用电，实验室内不得有裸露的电线头，严禁用金属丝代替保险丝，电源开关箱内不得堆放物品。

（4）电器设备和线路、插头插座应经常检查，保持完好状态，发现可能引起火花、短路、发热和绝缘破损、老化等情况必须通知电工进行修理。电加热器、电烤箱等设备应做到人走电断。

（5）使用电烙铁，要放在非燃隔热的支架上，周围不应堆放可燃物，用后立即拔下电源插头。

（6）可燃性气体钢瓶与助燃气体钢瓶不得混合放置，各种钢瓶不得靠近热源、明火，要有防晒措施，禁止碰撞与敲击，保持油漆标志完好，专瓶专用。使用的可燃性气瓶，一般应放置室外阴凉和空气流通的地方，用管道通入室内，氢、氧和乙炔不能混放一处，要与使用的火源保持 10 m 以上的距离。所有钢瓶都必须有固定装置固定，以防倾倒

（7）实验室内未经批准、备案，不得使用大功率用电设备，以免超出用电负荷。

（8）严禁在楼内走廊上堆放物品，保证消防通畅通。

# 第 2 部分　辐射防护实验操作

## 实验 2.1　γ 辐射场剂量率的测定

**【实验目的】**

掌握基于 UNIDOS 绝对剂量仪的使用方法,学会辐射场剂量率的测定。

**【实验原理】**

电离室中两个相互平行的平板电极之间充满空气称为电离室的灵敏体积。当 γ 光子进入这个灵敏体积内时,与其中的空气介质相互作用,产生次级电子。这些电子在其运动轨迹上可以使空气中的原子发生电离,产生正负离子对。构成电离室的一个极板与电源高压的正端或负端相连,在灵敏体积的电场作用下,电子和正离子分别向两级漂移,使相应极板的感应电荷量发生变化,形成电离电流;而电离室另一个极板与剂量测量仪(静电计)输入端相连,通过静电计收集单位时间的电离电荷即可获得相应的剂量率信息。

**【实验仪器】**

UNIDOSE 绝对剂量仪(见图 2.1),30013 指型电离室(见图 2.1),$^{60}$Co 放射源,$^{137}$Cs 放射源。

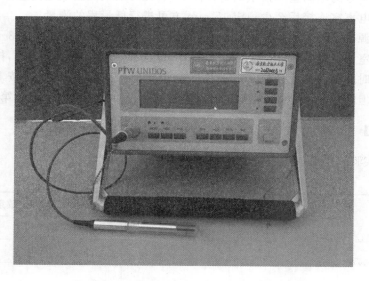

图 2.1　绝对剂量仪和指型电离室

**【实验方法和步骤】**

1. UNIDOSE 绝对剂量仪的功能键介绍

（1）MOD：选择方式，有 2 种测量方式，"Dose"和"Dose rate"。

（2）RGE：选择测量的量程范围。在"Dose"测量方式中，有 LOW 和 HIGH 两档。在"Dose rate"测量方式中，有 LOW，MEDIUM 和 HIGH3 档。

（3）NUL：调零。整个剂量计单元自动调零。调零需时 75 s 左右，按 ESC 可中断调零；然后按 NUL 可重复调零；开机后的 5 min 内不可调零。

（4）STA：开始测量。

（5）HLD：保持测量的读数；再按一次后离开保持状态。

（6）RES：复位，停止剂量测量，并把剂量和时间还原到零。本键也可终止自动调零。

（7）INT：预定时间测量。与 STA 的操作相同，但在一定时间间隔后自动转为 HLD 状态；未预置时，时间间隔为 60 s。

2. 辐射场剂量率测定

（1）UNIDOSE 绝对剂量仪接通电源前需检查机器电压值是否与电源电压相符合；检查高压极性开关是否位于正高压的位置；禁止前面板有电离室探测器接入。

（2）接好电源后打开 ON 开关后，出现测量窗口，预热机器 5 min；若短时间内关闭机器，开机后需至少预热 2 min。

（3）开机出现测量窗后按"CHAMBER"按键后，再按 ENT，用箭头选择所要用的电离室，在按 ENT 后完成电离室的选择。

（4）光标移动到"VOLTAGE"按键，选择合适的电压（电离室可在最高允许高压下使用，当电压低于最高允许高压的 30% 时，建议不要使用。

（5）完成以上选择后，按 ESC 恢复显示测量窗，并在显示屏最后一栏显示所选电离室。

（6）将所选型号的电离室连接于剂量仪前面板，此时需检测所接电离室型号是否与所选电离室型号一致，电离室连接后至少稳定 15 min 方可进行低量程的测量。

（7）以放射源为原点，分别以 0.1 m，0.5 m 和 1 m 为半径画圆，在这 3 个圆上分别取两点，依次将电离室测量端放置于测定点上，按 MOD 选择剂量率测量方式后，按剂量仪的 STA 开始测量，单位时间测量结束后显示屏上读取剂量率值。在测量过程中，按 HLD 键后，可得到一个测量值，但测量并未中断，再按 HLD 键后，结束上一次的 HLD，开始第二次的计时。

**【实验结果】**

把上述各实验结果填入表 2.1 中。

表 2.1　辐射场不同点的剂量率

| 半　径/m | $^{60}$Co 放射源 | | $^{137}$Cs 放射源 | |
|---|---|---|---|---|
| | 第一点 | 第二点 | 第一点 | 第二点 |
| 0.1 | | | | |
| 0.5 | | | | |
| 1 | | | | |

**【实验注意事项】**

(1)UNIDOS E 绝对剂量仪每 2 年需校正一次。

(2)在连接电离室或探头前,必须检查剂量仪的电压和极性设置。

(3)高压开关转变极性时,量程必须调至"HIGH",电离室禁止和 UNIDOS E 绝对剂量仪连接。

(4)绝对剂量仪不可放置于辐射场环境中。

**【思考题】**

(1)绝对剂量计和相对剂量计的区别,请分别列举你所了解的绝对剂量计和相对剂量计?

(2)电离室壁厚度设计有何要求?

# 实验 2.2　基于热释光剂量计的个人剂量估算

## 【实验目的】

熟悉基于热释光剂量仪的个人剂量估算。

## 【实验原理】

当氟化锂（LiF）热释光剂量片受电离辐射照射时，部分自由电子或空穴被晶格缺陷所俘获，这些晶格缺陷称为陷阱（电子陷阱或空穴陷阱）。陷阱吸引、束缚异性电荷能力称为陷阱深度。当陷阱很深时，在常温下电子或空穴可被俘获数百年、数千年乃至更长的时间。当辐照后LiF热释光剂量片被加热时，在陷阱中的电子获得能量，一些电子可从陷阱中逸出，当逸出的电子返回到稳定态时，就伴随有热释光发射。如果电子被陷落在不同深度的陷阱中，则随着温度的升高，首先逸出的是浅陷阱中的电子。因此，记录到的光发射是加热温度的函数，而发光曲线则由数个"发光峰"构成。LiF热释光剂量片加热后所发出的光，通过光路系统滤光、反射、聚焦后，通过光电倍增管转换成电信号；输出显示可用发光峰的高度（峰高法）或以数字显示出电荷积分值，最后再换算出 LiF 热释光剂量片所接收到的照射剂量。

## 【实验仪器和材料】

FJ427A1 型热释光剂量读出仪（见图 2.2），LiF 热释光剂量片和$^{60}$Co 放射源。

图 2.2　FJ427A1 型热释光剂量读出仪

## 【实验方法和步骤】

（1）热释光剂量片筛选和灵敏度刻度：剂量片在热释光剂量仪上的读数只是一相对值，剂量片在使用前需要进行刻度。在对剂量片的刻度过程中要注意使用同批同型号同规格的剂量片。玻璃管及片状剂量片由于辐射历史和加热史等的影响，应用一段时间后，同批的剂量片的分散性会越来越大,所以对反复使用的剂量片至少每 2～3 年进行一次按 5% 的分散度的分档筛选。对一般常规个人剂量监测而言,进行灵敏度筛选时照射剂量不宜很大,应在 mGy 量级或以下,因为此时成型剂量片分散性较大(剂量越小,分散性越大)。

国标要求剂量计探测下限不小于 0.3 mSv。其确定方法如下:将经退火处理后的 10 个剂量片在天然本底环境中放置一个监测周期,这 10 个剂量片测量值的 3 倍标准差即为该剂量片在该周期使用时的探测下限。监测周期不同其探测下限也不同。各测量系统必须根据具体情况通过实验确定所用剂量片的探测下限。

(2)将 LiF 剂量片进行退火后,采用 $^{137}$Cs 照射器对 LiF 剂量片进行不同剂量的照射。

(3)将辐照的 LiF 剂量片进行热释光剂量的检测,并读出相应剂量,步骤如下:

1)连接好 FJ427A1 剂量仪电源后打开剂量仪后面板的电源开关,剂量仪前面板上的液晶屏将显示温度及高压等信息。打开电脑,点击相应的控制软件。

2)机器开机预热 30 min;设置好相关参数。

工作高压值的设定:在首次使用新仪器或新型剂量片之前,要确定高压值。高压可以以10 V 递增,分别测量本底 1 和标准光源计数率,随着高压的上升,本底 1 和标准光源计数率不断上升,分别做出本底 1 和标准光源计数率与高压关系曲线,选择标准光源计数率较高且本底1 较低的点的高压值为工作高压;在此高压条件下,测量标准光源计数率。

标准光源的校正:在软件的校正窗口选中"标准光源"单选按钮,分别在"次数"和"每次时间"中输入适当的值,打开"剂量计(读出器)"抽屉,按"启动"按钮;测定完毕后点击"求平均值"复选框,求出平均值后点击"取代原有值"更新数据。

本底 1 的校正:为仪器本底,由光电倍增管暗电流和电子线路零点偏移等因素造成,受仪器工作高压的影响。选中"本底"单选按钮,分别在"次数"和"每次时间"中输入适当的值,在抽屉关闭无剂量片的情况下,按"启动"按钮;测定完毕后点击"求平均值"复选框,求出平均值后点击"取代原有值"更新数据。

本底 2 的校正:本底 2 除了光电倍增管暗电流和电子线路零点偏移等因素造成信号外,还包括高温时"本底样品"发出的红外线等因素。选中"本底"单选按钮,分别在"次数"和"每次时间"中输入适当的值,在抽屉关闭并含有经过退火的剂量片的情况下,按"启动"按钮;测定完毕后点击"求平均值"复选框,将平均值以手动修改的方式输入参考窗口中的本底 2 栏。

校正系数的设置:选中"剂量片"单选按钮,在"已知剂量值"编辑框中输入样品所受的剂量值,分别在"次数"和"每次时间"中输入适当的值,抽屉关闭并含有经过退火的剂量片或样品的情况下,点击"启动"按钮启动测量,测定完毕后点击"求平均值"复选框,求出平均值,点击"求校正系数"求出校正系数后,点击"取代原有值"更新数据。

在仪器正式测量样品前,拉出剂量计抽屉,检测标准光源计数率;建议开始用没有剂量片的空盘加热一次,以便检查升温程序是否正常,同时消除加热盘上的残留本底。每天开机后,首次关上抽屉后,仪器自动测量本底 1,时间 100 S,测量后自动保存本底 1,并修正本底 2。按测量键可启动一次加热周期,经历预热、读出和/或退火阶段。抽屉只用在加热盘温度低于100℃后,才允许推入。

3)拉出剂量计抽屉,在加热盘中放入样品。样品应尽量放置于加热盘中央并充分与加热盘接触以使样品均匀加热。平稳推入抽屉,速度不要太快,防止剂量片移动而离开其正常位置。抽屉关闭后仪器将自动启动测量。测量窗口显示当前温度、高压、剂量片编号等信息。仪器在样品测量完备后将自动计算测量结果,在测量窗口显示读出阶段的光子计数率以及相应的吸收剂量值。若仪器是在开机后尚未进行仪器本底的测量,剂量计读出器将自动启动本底测量,请在仪器测完本底后按"测量"键重新启动测量。若仪器是在开机后已测量过仪器本底,剂量计将自动启动样本测量。

4)加热周期结束后,拉出剂量计抽屉,可以在加热盘冷却后取出剂量片,也可以在加热周期结束后立即取出剂量片,将其放到清洁的金属盘上快速冷却。

(4)测试完成后,点击"保存曲线"按钮进行数据保存。保存数据时,选择". XLS"或"EXCEL"格式,以便对数据进行处理。

**【实验结果】**

根据我国规定放射性从业人员的辐射防护限制,判断剂量片所受剂量是否在许可范围。

**【实验注意事项】**

(1)每次换样时,抽屉要全部拉出,直到指示灯亮启动自动校准。当仪器显示温度降至室温或低于 40℃后可进行下一次测量。

(2)保持剂量片、加热盘及所有与剂量片有表面接触的器皿的清洁非常重要。严格禁止用手拿取剂量片,禁止让易燃物如毛发、纤维制品等进入测量室。严重污染的剂量片可以用合适的清洁剂清洗,然后用蒸馏水至少清洗 10 min,取出剂量片放到一个表面清洁光滑的器皿上干燥。

**【思考题】**

(1)请叙述热释光剂量计检测原理。
(2)影响热释光剂量片测量精密度的因素有哪些?
(3)请叙述放射性从业人员辐射防护限值。

# 实验 2.3 硫酸亚铁剂量计的制备

## 【实验目的】

学会制备硫酸亚铁剂量计,并采用该剂量计进行 0.4 kGy 以内的 γ 射线辐照剂量的估计。

## 【实验原理】

硫酸亚铁剂量计是经典的化学剂量计,由 H. 弗里克和 S. 莫尔斯于 1929 年研究开发,因此又叫弗里克剂量计。它的原理是硫酸亚铁中二价铁离子经辐照后可被辐照产生的自由基氧化为三价铁离子(1 个羟基自由基可以氧化一个二价铁离子,1 个氢基自由基可以氧化 3 个二价铁离子,一个过氧化氢分子可氧化 2 个二价铁离子)。在一定剂量范围内,三价铁离子生成量与辐照剂量具有线性关系。三价铁离子可以用紫外吸收光谱法进行分析。其剂量估算范围为 0.04~0.4 kGy。

## 【实验仪器和试剂】

硫酸亚铁铵(分析纯)、硫酸(优级纯)、氯化钠(高纯试剂)、三蒸水、$^{60}$Co 放射源、紫外可见光分光光度计、比色皿、分析天平、全玻璃磨口定量加液器、容量瓶、煤气和氧气焊炬、玻璃安瓿。

## 【实验方法和步骤】

(1)配制硫酸亚铁剂量计溶液。

1)空气饱和的 0.4 mol/L 硫酸配制:在 250 mL 容量瓶中,先加入适量的三蒸水,再缓慢加入 5.625 mL 浓硫酸(密度为 1.84 g/mL),待其冷却后稀释到 250 mL 的刻度,充分摇动使之空气饱和。室内空气应避免有机物污染;

2)在 250 mL 容量瓶中溶解 0.392 g 硫酸亚铁铵和 0.058 g 氯化钠与适量 0.4 mol/L 硫酸溶液中,再用 0.4 mol/L 硫酸溶液定溶到 250 mL 容量瓶的刻度,此溶液即为空气饱和的硫酸亚铁剂量计溶液。

将配制好的硫酸亚铁剂量计溶液贮存在清洁的硼硅玻璃容器中。在装入安瓿前必须进一步老化处理(在室温下放置约 30 d 后在使用)。

(2)硫酸亚铁剂量计的制备。

1)玻璃安瓿的预处理:双联安瓿从中分开,用蒸馏水充满冲洗三次后 550℃ 条件下至少烘烤 3 h,待其冷却后置于清洁处备用。

2)在剂量计溶液加入定量加液器之前,应充分摇动,再使其空气饱和。用全玻璃磨口定量加液器往安瓿中注入 2.8 mL 的溶液。切勿在安瓿颈上溅溶液而使其融封时受热氧化。

3)用煤气与氧气同时通过微焊炬调制充分燃烧的细小蓝色火焰,迅速将安瓿熔融密封。火焰接触安瓿颈的时间应少于 5~6 s。保留安瓿内液面上部空气间隙的高度,以制成的剂量计放入水中不漂浮为宜。新制备的剂量计,待其冷却后,置于阴暗处保存。

(3)采用 $^{60}$Co γ 射线以不同的时间辐照硫酸亚铁剂量计溶液。

(4)紫外可见光分光光度计检测辐照后的硫酸亚铁剂量计中三价铁含量所对应的吸光度

值。紫外可见光分光光度计检测方法：

1）开机：打开电脑以及紫外可见光分光光度计。

2）软件的打开：直接点击图标，打开软件，点击"Connection"，机器自检，待自检结束，点击"OK"。

3）调零：首先在参比通道放装有超纯水的比色皿调零。然后样品通道放装有超纯水的比色皿，观察吸光度，选择最小的一个，然后再次调零。

4）测样：用选择好的比色皿测试，首先用要测得样品润洗比色皿两到三次。然后倒入样品，点击"Start"后读取样品 304 nm 处吸光度值。测量结束后，保存数据做进一步的计算分析。

5）点击"Unconnection"断开连接。关闭紫外可见光分光光度计和电脑；关掉电源；用超纯水清洗用过的比色皿；整理实验台。

（5）根据公式计算出吸收剂量为

$$D = K(\overline{A}_0 - A)$$

式中　　$D$ —— 剂量计吸收剂量，单位为 Gy；

　　　　$A_0$ —— 未辐照剂量的吸光度；

　　　　$\overline{A}_0$ —— $A_0$ 平均值；

　　　　$A$ —— 已辐照剂量计的吸光度；

　　　　$K$ 值 ——280.7，仪器的吸收剂量转换常数。

【实验结果】

把上述各实验结果填入表2.2中。

表 2.2　γ 射线辐照硫酸亚铁剂量计溶液的吸光度及相应的吸收剂量

| 辐照时间 | 样品 1 | 样品 2 | 样品 3 | 样品平均值 | 吸收剂量/kGy |
|---|---|---|---|---|---|
| 0 | | | | | |
| 第一时间 | | | | | |
| 第二时间 | | | | | |
| 第三时间 | | | | | |
| 第四时间 | | | | | |

【实验注意事项】

（1）硫酸亚铁剂量计溶液对有机杂质非常敏感，在存放或转移溶液时都不能引入。

（2）容量器必须采用化学稳定的玻璃器皿，在使用前应彻底清洗。首先使用热蒸馏水（高于60℃）振荡清洗 0.5 h，然后浓硫酸中振荡清洗 0.5 h，最后用蒸馏水至少漂洗 3 次，干燥后置于清洁无尘环境中备用。

【思考题】

(1)请叙述硫酸亚铁剂量计辐射化学反应机制。

(2)硫酸亚铁剂量计中氯化钠的作用？

(3)为什么硫酸亚铁剂量计可以用作吸收剂量测量的参考剂量计？

# 实验 2.4　重铬酸银剂量计的制备

## 【实验目的】

学会制备重铬酸银剂量计,并采用该剂量计进行 0.4～5 kGy 范围的 γ 射线辐照剂量的估计。

## 【实验原理】

重铬酸银剂量计提供了一种测量水吸收剂量的可靠方法。它的原理是在酸性水溶液中,电离辐射与水相互作用产生的辐解产物可将 $CrO_7^{2-}$ 中的 $Cr^{6+}$ 离子定量还原为 $Cr^{3+}$ 离子。在 0.4～5 kGy 范围内,$Cr^{3+}$ 离子生成量与辐照剂量具有线性关系。$Cr^{3+}$ 离子含量可用紫外吸收光谱法进行测量。

## 【实验仪器和试剂】

高氯酸,$Ag_2Cr_2O_7$,$^{60}Co$ 放射源、紫外可见光分光光度计、比色皿、分析天平、三蒸水、玻璃器皿、2 mL 双联曲颈中性玻璃安瓿、微型焊枪。

## 【实验方法和步骤】

(1)溶液配制。

1)取适量高氯酸倒入干净烧杯中,润洗烧杯和移液管 3 次,倒掉废液,再向烧杯中倒入 10 mL 左右的高氯酸。

2)250 mL 容量瓶中加入少量三蒸水,再用移液管从烧杯中量取 2.15 mL 高氯酸加入容量瓶中。

3)称量瓶取适量 $Ag_2Cr_2O_7$ 置于烘箱中,在 105℃条件下干燥 2 h 后冷却使用。取0.27 g 冷却的 $Ag_2Cr_2O_7$,加入容量瓶中,并用超纯水定容至 250 mL。

4)将配好的 $Ag_2Cr_2O_7$ 溶液置于阴暗处避光保存,待药品完全溶解,并经过 20～30 d 自然老化后才可封装。

(2)溶液封装。

1)将封装所需的安瓿瓶注满三蒸水辐照 5 kGy 以上,将辐照后的安瓿瓶清洗干净,置于 550℃下退火 3 h,冷却后备用。

2)将剂量计溶液充分摇动,使其空气饱和,用少量剂量计溶液润洗加液器 3 次,然后将剂量计溶液倒入定量加液器中。

3)打开微型焊炬气源,调节成充分燃烧的细小蓝色火焰。

4)用定量加液器向经过预处理的安瓿瓶中加入 2.8 mL 剂量计溶液,避免溶液沾到安瓿瓶口。

5)将已装入剂量计溶液的安瓿瓶置于火焰上快速熔封(时间小于 6 s),保留安瓿瓶内液面上方空气间隙高度,以制成的剂量计放入水中不漂浮为宜(整个安瓿瓶剂量计高约 5.5～6 cm),如在封口过程中发现有溶液征服现象则该只剂量计以作废处理。

(3)将剂量计采用 $^{60}Co$ 放射源进行不同时间的辐照。

（4）紫外可见光分光光度计检测辐照后重铬酸银剂量计中 $Cr^{3+}$ 离子的含量所对应的吸光度，根据下式计算吸收剂量。紫外可见光分光光度计检测方法见实验 2.3。

（5）根据公式计算出吸收剂量。

$$D = K(\overline{A}_0 - A)$$

式中　　$D$ —— 剂量计吸收剂量，单位为 kGy；

　　　　$A_0$ —— 未辐照剂量的吸光度；

　　　　$\overline{A}_0$ —— $A_0$ 平均值；

　　　　$A$ —— 已辐照剂量计的吸光度；

　　　　K 值 —— 61.7，仪器的吸收剂量转换常数。

【实验结果】

把上述各实验结果填入表 2.3 中。

表 2.3　γ 射线辐照重铬酸银剂量计溶液的吸光度及相应的吸收剂量

| 辐照时间 | 样品 1 | 样品 2 | 样品 3 | 样品平均值 | 吸收剂量/kGy |
|---|---|---|---|---|---|
| 0 |  |  |  |  |  |
| 第一时间 |  |  |  |  |  |
| 第二时间 |  |  |  |  |  |
| 第三时间 |  |  |  |  |  |
| 第四时间 |  |  |  |  |  |

【实验注意事项】

（1）辐照和未辐照重铬酸银剂量计均应在相同的条件下存放，以免因环境差异，影响剂量测量的准确度。

（2）重铬酸银剂量计使用之前应从制备的 1 批剂量计中抽样检测本底吸光度，了解本底吸光度的分散性，从而达到保证剂量计质量的目的。

（3）重铬酸银剂量计对杂质，特别是有机杂质比较敏感，必须采用化学稳定的玻璃器皿，使用前应彻底清洗。

【思考题】

（1）重铬酸银剂量计溶液老化的作用？

（2）重铬酸银剂量计吸收剂量计算公式中 K 值是如何确定？

# 实验 2.5　空气中氡浓度的监测与评价

## 【实验目的】

掌握测量空气中氡浓度的方法,了解仪器的原理和使用方法。

## 【实验原理】

氡气($^{222}$Rn)浓度测量往往是通过测量其子体而获得的。其测量原理为:氡气在发生衰变之后,因为一些壳电子发生了 α 粒子发射,导致剩余的 $^{218}$Po 原子核在短时间内带正电,这些离子被半导体探测器表面的电场力所收集,它们与探测室内的氡气浓度成正比。$^{218}$Po 本身的半衰期只有 3.05 min,大约占所有衰变的 50% 的粒子会被探测器所记录。氡的平衡衰变率和探测到的 $^{218}$Po 活度会在 5 倍的半衰期时间后测出,也就是 15 min,这个时间是测量氡气浓度的最短时间。氡的衰变链还包括 β 辐射 $^{214}$Po。这意味着,每一个 $^{218}$Po 衰变就可以引起另外一个可以被探测到的 $^{214}$Po 衰变,$^{214}$Po 衰败将持续大约 3 h,这是由粒子的半衰期叠加所导致。$^{218}$Po 和 $^{214}$Po 所发射的能量是不同的,因此可以通过 α 谱分离这两种核素。本实验中空气氡浓度测量采用 TRM1688-2 型氡钍测量仪。RTM1688-2 提供了两种氡浓度的计算方式,一个方式(慢)包括这两种 $^{218}$Po 和 $^{214}$Po 衰变,另一个方式(快)只包括 $^{218}$Po 衰变。"快速"模式的优势是它能快速检测出浓度的变化,而"慢速"模式的优势在于它拥有两倍快速模式检测的灵敏度。高的灵敏性降低了测量的统计错误,而这只取决于所测衰变事件的数量。放射衰变是一个统计学的过程。这就意味着,即使氡浓度是长期恒定的,衰变的数量 N 在不同时间相同间隔内所测得的结果也是不同的。N 将会在不同时间内围绕平均值上下波动。大量的测量结果的平均值就是所谓"真实的"结果。对于一次测量,N 的值可能会是高于或者低于"真实的"结果。这个观察到的偏差被称作"统计误差"。相关统计误差 $E$,在给定了置信区间 k-Sigma 的时候,可以通过以下方程式由测得计数 $N$ 预测出:

$$E[\%] = 100\% \times k \times \sqrt{N}/N$$

式中　E——相对统一误差,可以简单的推断出:计数越高,仪器测量的精确度越高。

## 【实验仪器】

RTM1688-2 测氡仪(见图 2.3)。

图 2.3　RTM1688-2 型测氡仪

**【实验方法和步骤】**

（1）电源。使用仪器前插入仪器背后的保险丝。当保险丝插入仪器指定位置后，显示器将会显示"RTM 1688SN：XXXXX"，此时必须设置真实时间。该仪器的电源动力是由内部的 12 V/3.2 A 铅电池或 AC/DC 适配器提供。电池允许仪器运行超过 24 h。只要和 AC/DC 适配器相连，电池就会进行充电。

（2）操作模式。泵：泵有两种不同模式可供选择，连续或是间断，可用软件进行选择。连续模式中，泵将会在整个测量过程中一直运行而在间隔模式中，泵会在每次测量的 5 min 之后关掉。

（3）快慢模式。"快速"和"慢速"模式来决定测量氡气浓度的方式。

嗅探：嗅探功能允许通过可闻信号检测氡气浓度。这意味着，每一衰变的子体（只有 $^{216}$Po 或 $^{216}$Po 和 $^{218}$Po 共存，依赖于用户的设置）将会引起短暂的哔哔声。特别是半衰期短的 $^{216}$Po （如果存在）可迅速显示氡气浓度变化的信息。

（4）测量。被测区域测量前密闭 24 h。测量时仪器置于被测区域，确保空气进口距离地面 75 cm 以上并远离墙壁。按下开始按钮进行测量，测量时间为 24 h，测量时保证测量环境密闭。测量结束摁下按钮等待至少 4 声蜂鸣后释放按钮，测量将会停止。此时显示屏有 5 个页面（这些页面可通过反复按按钮切换），第 1 页显示实际的氡浓度（由最后一次采样计算出），采用统计误差为 1σ 的置信区间表示。如果"快速"的模式被选中，"氡"的旁边会出现一个星号，右边的时间代表测量浓度完成的时间。下面一行左边的代表最后一次实验数据的次数，在右边显示预先设定的测量时间和实验所剩时间。第 2 页给出有关钍的同样信息（TRM1688－2 是一款通用型氡钍测量仪）。附加传感器的读数显示在第 3 页。这些数据代表这次实验全部过程的平均值。下一个页面显示从实验开始时氡气和钍浓度的平均值。第 1 行给出了总的采样时间。最后一页包含状态信息，包括开始的日期和时间。其次第 2 行是测量警戒值设置。最后一行显示选中的泵和吸气模式。

（5）数据存储。仪器可储存 511 次测量数据，这意味着前 511 次测量的数据（近 512 次测量数据）都会储存在这里。如果记忆超出了这个限制，比较老的数据将被覆盖。连接电脑后完整的测量数据已被下载转移到电脑，数据传输和储存在硬盘上后应清除内存，这可以节省时间，在接下来的传输中避免数据存储过多。每个数据记录储存后包含全部完整的信息：

1）时间。

2）测量时长。

3）α 谱。

4）附加传感器的信息。

所有数据都被按顺序的记录下来，可以将它们视为一个完整连续的测量系列。测量可在随意时间停止或进行，没有测量次数的限制。单点测量也是可能的。

（6）打印文件。RTM1688－2 使用便携式打印机 GEBE GPT4333 可以直接打印出已获得的数据。只有最后一次测量可以打印出来。打印方法：把 RTM 仪器通过适配器电缆连接打印机。按面板右边的按钮（箭头）打开打印机。绿色 LED 开始闪烁。注：如果没有打印在进行，约 1 min 后，打印机将自动关掉。在进行实验时执行打印文件，该仪器具有设置为暂停模式。按"触发"按钮至少 5 s（等 4 次声响）开始打印。在打印时显示器将显示"...打印文件"。如果一次测量开始不理想，测量可以在完成第一次测量之前停下来。打印数据依旧有效。打印开头包含仪器的序列号、开始和结束的时间,氡、钍平均浓度和时间范围。这个开头是遵循记录测量时,包括时间间隔、氡气和钍浓度和环境感测器的读数。

(7)数据传输。获得的测量数据可以采用连接 PC 接口的电缆连接仪器或 USB 转换器连接电脑。

**【实验结果】**

我国于 1996 年发布《住房内氡浓度控制标准(GB/T16146－1995)》的国家标准:新建住房内氡浓度的控制标准为平衡当量浓度年平均值 100 Bq/m³,已建住房内的氡浓度控制标准为平衡当量氡浓度年平均值 200 Bq/m³。根据国家标准判断所测氡浓度是否在许可范围。

**【实验注意事项】**

为了最大限度扩大电容和电池寿命,即使是不使用该仪器,电池也应该适时的进行充电(每 3 个月 1 次)。否则电池过度放电会导致系统内部的处理器故障。如果长时间没有维修电池,请拆下保险丝。

**【思考题】**

(1)空气中氡的来源主要有哪些?

(2)取样测量时间对空气中氡浓度测定的影响?

(3)空气湿度对空气中氡浓度测定有哪些影响?

# 实验 2.6　土壤中氡浓度的监测与评价

**【实验目的】**

掌握城市主城区土壤中氡浓度分布的基本状况。评价城市主城区土壤中氡浓度的总体情况。

**【实验原理】**

土壤中氡测量的手段很多,根据采样方式的不同,将氡的测量方法分为瞬时采样测量、累积采样测量和连续采样测量三大类。瞬时采样测量是直接测量所采集的样本中的氡或者测量氡的第一代衰变子体$^{218}$Po 从而间接测得氡浓度,是一种比较简便快速的方法。累积采样测量是被动地等待氡气进入收集器中,经过一段时间的累积后,再用探测器对样本进行分析测量,由于采样时间比较长,因此累积测量的结果可以反映氡浓度在一段时间内的总体状况。连续采样测量可以说是综合了瞬时法和累积法的特点,不但可以在短时间内获得氡浓度数值,而且能够给出一段相对较长时间内的平均氡浓度,可连续监测氡浓度的动态变化。

FD−3017 RaA 测氡仪是一种新型的国产瞬时测氡仪器,它利用静电收集氡衰变的第一代子体$^{218}$Ro 作为测量对象,定量测量土壤中氡浓度。其特点是没有探测器污染问题,也不存在氡射气的干扰影响,并且具有较高的灵敏度,操作简便,现场可获取结果(一般需 5 min,最快 3 min 完成一个点的测试工作,相对国外产品工作效率提高近 10 倍)。FD−3017 RaA 测氡仪基本结构如图 2.4 所示,主要由抽气泵和操作台组成,操作台与抽气泵有电缆相连,抽气泵负责机械操作——抽气,操作台负责复杂的电子操作——输出高压、脉冲计数。其工作过程:由抽气泵抽取土壤中的氡气,抽气泵除了完成抽取地下气体的任务外,还起到贮存收集氡子体的功能。氡射气进入筒内后,即在抽筒内发生衰变,衰变成新的子体$^{218}$Po,$^{218}$Po 在初始形成的瞬间主要以带正电的离子的形式存在,在操作台施加的 3 000 V 的高压电场的作用下,一定的时间内$^{218}$Po 正离子被收集在样品盒中带负高压的金属探测片上,高压施加完毕即收集结束后,取出金属探测片进行测量。所测结果为$^{218}$Po 释放的 6 MeV α 粒子活度(α 粒子活度与氡浓度成正比)。

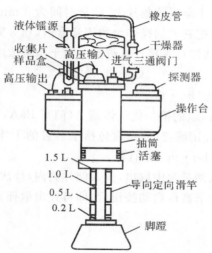

图 2.4　FD−3017RaA 测氡仪结构示意图

**【实验仪器】**

FD－3017RaA 测氡仪(见图 2.5)。

图 2.5　FD－3017RaA 测氡仪

**【实验方法和步骤】**

(1)在检测范围内布点,布点间距以 10 m 作网格,布 16 个点。

(2)在每个测点,采用钢钎打孔,孔直径为 20～40 mm,深度为 500～800 mm。迅速将取样器插入测点,并将取样器顶端地表部分用土壤封压实,以防止抽气时空气进入孔中,然后用橡皮管连接仪器的干燥器。

(3)将样片盒向外拉开,放入收集片。

(4)将 FD－3017RaA 测氡仪阀门置于抽气位置,提拉抽气桶至第二个定位槽处,把橡皮管内及取样器内的残留气体抽入筒内,然后将阀门置于排气状态,压下抽气泵,将气体排出,接着就可以抽取土壤中的气体。当抽气筒升至最上端时即刻右旋使筒内气体与外界空气隔绝。

(5)启动高压收集氡子体于金属收集片上,收集时间为 2 min。2 min 后仪器会自动报警,此时需立即取出收集片,同时把它放到操作台的测量盒内(15 s 完成)。

(6)读取脉冲计数,按下式即可直接计算得到所测土壤氡浓度,即

$$C_{Rn} = J \cdot N_{RaA}$$

式中　$C_{Rn}$——氡浓度,单位为(Bq·m$^{-3}$);

　　$N_{RaA}$——RaA 的 α 计数,氡的第一代子体镭 A(简写 RaA,也就是 $^{218}$Po);

　　　$J$——换算系数,由标定确定,此系数包括了装置的子体收集效率和探测器的效率等因素,量纲为(Bq·m$^{-3}$)/计数。

(7)把已测过的收集片从测量盒中取出,放入储片筒内,待次日重复使用。

(8)在第一个测量点上按下高压启动按钮后,即可拔出取样器,将仪器移至下 1 个检测点。

**【实验结果】**

把测量实验结果填入表 2.4 中。

表 2.4　待测范围内土壤各布点的氡浓度/$(Bq \cdot m^{-3})$

| 编　号 | 1 | 2 | 3 | 4 |
|---|---|---|---|---|
| 1 | | | | |
| 2 | | | | |
| 3 | | | | |
| 4 | | | | |

**【实验注意事项】**

(1) $^{218}Po$ 的半衰期很短,为 3.05 min,在金属片上收集和测量的过程中会较快地发生衰变,收集和测量时间的微小差别就会产生较大的误差,因此收集和测量过程应尽快完成。

(2) 雨天不可进行土壤中氡的测量。

(3) 测点深度应采用专用的钢钎,以便控制孔径和孔深。

**【思考题】**

(1) 下雨对土壤中氡浓度的影响?

(2) 测量土壤中氡浓度需要考虑排出 $^{220}Rn$ 的干扰吗?

# 实验 2.7  高纯锗伽马谱仪的能量刻度

## 【实验目的】

掌握高纯锗伽马谱仪的能量刻度方法,以便实现高纯锗谱仪系统的测量,准确识别所测量的核素。

## 【实验原理】

放射性核素产生的 γ 射线不带电荷,不能被直接探测到,这种射线的探测主要依赖于其与其他物质的相互作用。γ 射线与物质的相互作用主要有光电效应、康普顿效应或电子对效应,这 3 种效应产生的次级电子引起物质电离和激发所形成的电流脉冲的幅度正比于 γ 射线的能量。光电效应中 γ 光子把全部能量都传递给光电子而产生全能峰,是高纯锗谱仪定性定量分析的主要信号,而后两种效应会干扰能谱的检测,应尽量予以抑制。光电效应的光电子被收集经光电转换器(高纯锗探测器,高压和前置放大器)在输出电路中形成脉冲电信号,多道脉冲幅度分析器记录收集的脉冲信号并将其转变为一组数字信号后送入多道计算机数据获取系统,由相应软件形成谱图。

对于首次使用的高纯锗谱仪必须进行能量刻度,其刻度原理是基于该谱仪多道分析器的线性放大原理,即道数的高低与能量之间是线性关系。高纯锗谱仪的能量刻度就是在能量和道数的坐标系中标定出两点(至少两点),通过这两个点,确定道数和能量之间的线性关系。完成能量刻度后如果实验条件没有大的变化或采集的能谱没有异常失真的话,可长期使用这一能量刻度结果。

## 【实验仪器】

液氮制冷型高纯锗伽马谱仪(见图 2.6),$^{60}$Co 点源。

图 2.6  液氮制冷型高纯锗伽马谱仪

**【实验方法和步骤】**

(1)打开高纯锗伽马谱仪系统的数字化谱仪电源,数字化谱仪进入自检状态;打开计算机主机和显示器进入 GammaVision 软件;连接 MCB,加载高压并设置测量时间。

(2)放入标准的 $^{60}$Co 点源于探测器上方,点击工具栏"Start"进入测量状态。调节放大倍数以调整峰位($^{60}$Co 点源的 1.33 MeV 的峰位调整在 6 000 道左右,1.33 MeV 与 1.17 MeV 两个峰相距 800~1 000 道),获得相应源的 $^{60}$Coγ 能谱图谱。在测量过程中,死时间需要小于 5%,γ 光子计数至少到达 5 000 时才可停止测量,进行能量刻度。

(3)在标准的 $^{60}$Co 点源的 γ 能谱图谱上,点击工具栏 ROI(Region of Interest,为感兴趣的面积,其面积净计数就是仪器探测到的该能量射线的计数)选项,在下拉菜单中选择"Mark search",进行寻峰。

(4)点击左右方向键,将光标移到道 1.33 MeV 的峰中心道,点击"Calibrate Energy",弹出对话框,如图 2.7 所示,在能量处填入特征峰能量 1 332.50 keV 后点击"Enter"。

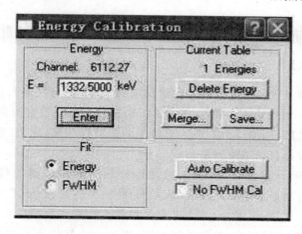

图 2.7　能量刻度对话框

(5)重复第四步,对 1.77 MeV 能量点进行刻度。

(6)能量刻度时至少为 2 个点,最好包含 5 个点。完成能量刻度后点击"Save"进行保存,文件格式为.ent。

**【实验注意事项】**

(1)在标定特定能量峰时,应将光标置于该特征峰的中心道,以便更好进行特征峰的半高宽的刻度。

(2)能量刻度的点的选择应该是实验所测得能谱范围,如果实验的能谱较宽,最好在宽范围内选取刻度点,以提高能量刻度的准确性。

**【思考题】**

高纯锗伽马谱仪可选用哪些放射源进行能量刻度?

# 实验 2.8　放射性核素的定性检测

## 【实验目的】

掌握液氮制冷型高纯锗伽马谱仪使用方法,熟悉天然放射性核素镭及人工放射性核素[137]Cs 和[60]Co 的特征 γ 射线谱。

## 【实验原理】

定性检测放射性核素是高纯锗伽马谱仪主要的功能之一。本型高纯锗伽马谱仪所自带的 Gamma Vision 软件具有齐全的核素库。当谱仪检测到某一能量的峰时,软件会自动调出核素库中与该能量对应的核素,以判断样品的核素种类。

## 【实验仪器】

液氮制冷型高纯锗伽马谱仪,[60]Co 放射源,[137]Cs 放射源和[226]Ra 放射源。

## 【实验方法和步骤】

(1)打开高纯锗伽马谱仪系统的数字化谱仪电源,数字化谱仪进入自检状态;打开计算机主机和显示器进入 GammaVision 软件;连接 MCB;加载高压并设置测量时间。

(2)在能量刻度之后,探测器上方放入需检测的放射性核素,点击"Start",开始测量;等待测量的有效时间后,仪器自动结束测量。

(3)点击"Mark Search"进行寻峰后,将光标移到所获得图谱的峰中心道,右键后选择"Peak info",软件会自动显示该峰的性质:核素的种类、半高宽、五分之一高宽和峰的面积等数据。

(4)实验结束后,关机顺序为:首先关闭高压(降至 100 V 以下);退出 MCB;关闭 Gamma Vision 软件;关闭计算机主机和显示屏;最后关闭数字化谱仪电源。

## 【实验注意事项】

分析核素种类所依据的 γ 射线必须是核素的特征 γ 射线谱图。常见的核素特征能量:铀 238(63.30 keV,92.60 keV),钍 232(238.60 keV,338.40 keV,583.00 keV,911.2 0keV),镭 226(295.20 keV,351.90 keV,609.30 keV),钾 40(1 460.80 keV),钴 60(1 173.20 keV,1 332.50 keV),铯 137(661.70 keV)。

## 【思考题】

(1)大多数核素都可释放出几种不同能量的 γ 射线,分析这样的核素时是采用某一能量还是几种能量? 是不是能谱分析的越全,分析结果越可靠?

(2)采用 γ 射线谱分析样品中的镭含量时,为什么样品需要密封 30 d 以上?

(3)核素库是高纯锗伽马谱仪定性分析核素的依据,核素库种类齐全,有利于分辨样品的核素类型,那么是不是核素库所含的核素越多越好?

# 实验 2.9　$^{137}$Cs 放射性核素的活度检测

**【实验目的】**

掌握采用高纯锗谱仪系统检测放射性核素活度的方法。

**【实验原理】**

在高纯锗谱仪使用过程中,采用将待测样品中某一核素的特征能量峰与其相应的标准源特征能量峰相比称为相对测量法。这种方法优点是测量比较准确,误差小;缺点是测量范围窄,只能测出标准源所含的核素。

**【实验仪器】**

液氮制冷型高纯锗伽马谱仪,$^{137}$Cs 放射源,含$^{137}$Cs 放射性核素的样品。

**【实验方法和步骤】**

(1)打开高纯锗伽马谱仪系统的数字化谱仪电源,数字化谱仪进入自检状态;打开计算机主机和显示器进入 GammaVision 软件;连接 MCB;加载高压并设置测量时间。

(2)先测量 8 h 的本底(空白)谱,以 BG 的文件名保存起来。

(3)再次测量 8 h 的$^{137}$Cs 放射源。测量之后,将光标移动到$^{137}$Cs 的 661.70 keV 峰的中心道处,然后点击软件工具栏 ROI 的下拉菜单中"Mark Peak",标记感兴趣的峰区域。双击该区域,在谱峰信息对话框中记录下"Net Area"的数值,记为 N1,此为标准源的放射性事件数。在点击 ROI 的"Save Files",以 S1 文件名保存该文件。

(4)使用粉碎机将样品磨碎,筛子筛选磨碎的样品,将筛选好的样品装入样品盒,夯压锤压实;将样品盒编号并外表擦拭干净;放入探测器上方的容器中进行检测。

(5)测量样品 8 h 后点击 ROI 的 Recal Files,打开 S1 文件,可发现$^{137}$Cs 处出现了标记区域。记下该区域的"Net Area"的数值,记为 N2。

(6)打开本底文件 BG,点击 ROI 的"Save Files",打开 S1,把标记的$^{137}$Cs 的本底值净计数记为 B。

(7)采用下列公式计算样品的活度,有

$$样品活度 = \frac{标准源活度(N2 - B)}{N1 - B}$$

(8)实验结束关机顺序见实验 2.8。

**【实验注意事项】**

(1)实际操作中必须注意不能让样品污染到探测器,否则由于本底的变化会导致实验的误差;同样,实验样品之间也不可形成交叉污染。

(2)相对测量的要点在于标准源和样品所选择的感兴趣的面积大小需要一致。

(3)相对测量的要点还在于选择合适的能量峰。选择的标准首先是选择分支比大的能量峰,但如果分支比大的峰有其他的能量峰干扰,且采用 Mark Peak 也无法准确地分离,在这种情况下,可选择其他的能量峰。

**【思考题】**

(1)峰康比定义是什么? 如何提高峰康比?

(2)影响高纯锗探测器的能量分辨率的因素有哪些?

# 实验 2.10　放射性沾染区人员外照射剂量估算

## 【实验目的】

掌握沾染区人员所受外照射剂量的检测方法,熟悉个人剂量仪的使用。

## 【实验原理】

γ射线是沾染区外照射射线的主要类型。对于人员通过沾染区或在沾染区内停留时外照射剂量的监控,通常采用个人剂量仪或地面剂量率来估算。

## 【实验仪器】

PM1621 型个人剂量仪(见图 2.8,图 2.9),[60]Co 放射源。

图 2.8　PM1621 型个人剂量仪

如图 2.9 所示,为 PM1621 型个人剂量仪面板。

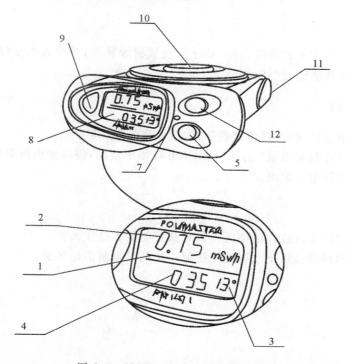

图 2.9　PM1621 型个人剂量仪面板

图 2.9 中,1——有效剂量当量率模拟标尺,用于辐射状况的快速视觉评估。

2——有效剂量当量率指示模式中的数字屏面或有效剂量当量指示模式中的有效剂量当量显示;数字指示模式中年份指标;PC 通信模式中的红外通信道开关(On/Off)指示。

3——有效剂量当量率指示模式中百分数的偏差系数指示;有效剂量当量指示模式中以千小时为单位的有效剂量当量累积时间;在剂量计的数字指示模式中的月份指标。

4——在有效剂量当量率指示模式中超过剂量当量率值的时间(以秒为单位);在有效剂量当量模式中指示剂量当量的累积时间。

5——LIGHT/SET 按钮(光/设置)控制液晶背景光、PC 通讯模式和进出设置模式。

6——MODE 按钮用于选择剂量计的指示模式。

7——声音报警口。

8——液晶屏。

9——红外收发器窗口。

10——探测器。

11——电池室盖。

**【实验方法和步骤】**

1. PM1621 型个人用剂量仪使用

(1)开机前装入电池。

(2)进入设置模式需按住 LIGHT/SET 约 5 s,直至要设置的参数闪烁,按住 MODE 键,迅速改变参数;按住 SET 键退出设置模式。

(3)在剂量当量率指示模式下可输出剂量当量率,在剂量当量模式下输出剂量当量的数值。

2. 模拟照射

以实验组为单位,由实验老师启动 $^{60}$Coγ 射线放射源装置,对个人剂量仪进行照射。照射停止后,根据显示的数值读出受照剂量。

**【实验注意事项】**

(1)正确佩戴剂量仪,探测器位置朝外,放在外套的胸部口袋。

(2)如果剂量仪在剂量当量大于 0.1 mSv/h 环境下使用,将提示更换新电池。

(3)工作完毕时将电池取出。

**【思考题】**

(1)人员在通过沾染区或在沾染区停留时其主要危害是什么?

(2)目前规定的战时条件下 γ 射线外照射一次剂量限制值是多少?

# 实验 2.11　γ射线外照射防护

**【实验目的】**

理解时间、距离、屏蔽等对 γ 射线外照射的防护。

**【实验原理】**

对 γ 射线外照射的防护主要有 3 项原则：即缩短在辐射场的停留时间；加大与放射源之间的距离；采取有效的屏蔽防护。对于发射 γ 射线的点状放射源来说，在其空气和周围物体对射线的吸收和散射可以忽略时，某一点上的辐射强度与距离的平方成反比，即

$$\frac{r_1}{r_2} = \frac{I_2}{I_1}$$

距离为 $r_1$ 处的辐射强度为 $I_1$，距离为 $r_2$ 处的辐射强度为 $I_2$。就屏蔽防护而言，γ 射线辐射强度的减弱，取决于屏蔽物质的密度和厚度。物质的密度越高，屏蔽效果越好。增加屏蔽物质的厚度，辐射强度亦随之减弱，通常将辐射强度减弱至原来一般时所需要屏蔽物质的厚度称之为半减弱层（半削弱层）。

**【实验仪器和材料】**

PM1621 型个人用剂量仪、$^{60}$Co 放射源、铅砖、土砖、木砖。

**【实验方法和步骤】**

（1）把已经调节好的 PM1621 型个人用剂量仪，以实验组为单位分别放于距 $^{60}$Coγ 射线放射源不同距离处。

（2）每组剂量仪前放置不同的屏蔽物：铅砖、土砖、木砖和无屏物。

（3）全部人员撤离钴源室，关好防护门，由实验老师按动钴源启动装置开关，启动钴源至照射位置，照射时间应控制在无屏蔽的剂量仪受照剂量约 75 cGy 之内。

（4）将钴源归于屏蔽位置后，各组收取剂量仪并读数，填入表 2.5，分析不同屏蔽物、不同距离对受照射剂量的影响。

**【实验结果】**

把上述各实验结果填入表 2.5 中。

表 2.5　不同防护条件下剂量仪的受照剂量/(cGy)

| 组别 | 距离源中心（ ）m | | | | 距离源中心（ ）m | | | |
| --- | --- | --- | --- | --- | --- | --- | --- | --- |
| | 无屏蔽 | 木砖 | 土砖 | 铅砖 | 无屏蔽 | 木砖 | 土砖 | 铅砖 |
| 1 | | | | | | | | |
| 2 | | | | | | | | |
| 3 | | | | | | | | |

续 表

| 组别 | 距离源中心（）m | | | | 距离源中心（）m | | | |
|---|---|---|---|---|---|---|---|---|
| | 无屏蔽 | 木砖 | 土砖 | 铅砖 | 无屏蔽 | 木砖 | 土砖 | 铅砖 |
| 4 | | | | | | | | |
| 5 | | | | | | | | |
| 6 | | | | | | | | |
| X̄ | | | | | | | | |

**【实验注意事项】**

见实验 2.10。

**【思考题】**

(1)各剂量仪的读数是否相同？为什么？

(2)半削弱层定义？有何实际意义？

(3)对 γ 射线外照射的防护主要有哪些措施？阐述它们的理论依据？

# 实验 2.12　人员体表放射性沾染检测

**【实验目的】**

掌握 FFS06 型辐射仪的使用,熟悉人员体表沾染检测的方法。

**【实验原理】**

核爆炸形成的放射性落下灰(雨),可以造成地面、物体和人员体表的放射性沾染。为保障人员健康,对通过沾染区或在沾染区停留过的人员,均应及时进行体表沾染检查。在伤员分类卡上表明沾染的部位及程度,供医疗后送使用。超过战时沾染限值者,必须进行洗消处理,直至达到限值以下为止。

目前用于沾染检查的仪器为"FFS06 型辐射仪",主要有主机和探棒两部分组成(见图2.10,图 2.11)。FFS06 型辐射仪主要用于检测放射性沾染,确定沾染边界和沾染地域等级,测量人员及各种物体表面放射性沾染程度等,提供放射性沾染信息。

**【实验仪器】**

FFS06 型辐射仪(含电池)、$^{137}$Cs 放射源、人体模型等。

图 2.10　FFS06 型辐射仪

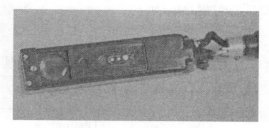

图 2.11　FFS06 型辐射仪探头

**【方法和步骤】**

FFS06 型辐射仪的使用操作。

(1)安装电池。打开主机左侧的电池室盖,按仪器背面的电池装放示意图装好电池,关上电池室盖。

(2)使用操作。主机面板上包括 6 个按键,一个显示两行,每行 16 个字符的点阵液晶显示器,通过操作右面的 4 个键来控制仪器的工作方式和预置所需参数。打开仪器电源,仪器开始对关键器件进行自检,原理框图显示如下:

```
Testing…………
Battery…………PASS
```

```
Testing…………
27C128…………PASS
```

```
Testing··············          Testing··············
80C31···········PASS          GJ6401···········PASS
```

```
Testing··············          Testing··············
DS12887·········PASS          J405············PASS
```

当被检测器件工作正常时,将显示:

```
Testing············
XXXX···········PASS
```

当被检测器件出现故障时,将显示:

```
Testing············
XXXX··········ERROR
```

在 GJ6401 自检时,检测通过时蜂鸣器将鸣叫一声,等待按键键入,进入下一项 J405 的自检,按右三任意键进入下一项。显示如下:

```
Want test J405?
          YES/NO
```

寻问是否检测 J405,如需检测,则用光标键"→"将光标移到"是(YES)"位置上,按"键入(ENTER)"键,显示如下:

```
Testing          J405?
Wait   30    Minutes
```

如自检通过,则显示如下:

```
Testing          J405?
J405···········PASS
```

如不用自检,则直接按"键入(ENTER)"进入主菜单,显示如下:

```
FFS06(No. 759)
TEST TRAIN SETUP
J405···········PASS
```

测量功能:
当光标在"TEST"下按"键入(ENTER)"进入测量状态,显示:

```
FFS06 TESTING
Waiting············
```

意思是本机测试,判断量程,选择管子工作,请等待。

然后显示测量数据,显示如下:

$$
\begin{array}{lll}
\text{P} & 1.23 & \text{cGy/h} \\
\text{D} & 10.23 & \text{cGy}
\end{array}
$$

上一排为当前剂量率,下面一排为累积剂量。

任何时候按"复位"键,将主动转回主菜单。

探头的侧面备有 γ 和 β 辐射监测开关控制板,控制板可上下滑动,并控制连动开关,控制板上还有一个控制 β1/10 窗口的开关,有如下 3 个状态。

1)两组开关都关上,为测 γ 辐射状态,显示单位为 $\mu$Gy/h 或 cGy/h($\mu$Gy 或 cGy);当 γ 剂量率<300 $\mu$Gy/h 时,能根据声响的疏密程度判断 γ 辐射场的强弱。

2)两组开关都打开,为测 β 辐射状态,显示单位为 Bq/cm$^2$。

3)关掉控制大窗口的开关,只接通控制小窗口的开关,则所测的 β 辐射为实测量值的 10 倍。

推动探头上转换开关,仪器进入 β 活度的检测,显示:

$$
100.11 \qquad \text{Bq/cm}^2
$$

当剂量率或积累剂量达到或超过预置阈值时,对应显示行的前面将出现闪烁的"♯",同时有声音警报,声音报警信号持续 15 s,如报警不消除,"♯"将一直显示。

(3)人员沾染检查。

1)仪器的佩带和探头的角度。将仪器主机佩带于胸前,手持探棒,以检查方便为原则,可把探头调整成 90°,120°或 180°。

2)对健康人(人体模型)进行沾染检查时,被检查者面向检查者站立,两臂左右平伸,两手掌向下,两脚分开与肩同宽,从右肩开始过头顶和身体两侧检查一周。然后令被检者两臂自然下垂,两腿并拢并向左转,从后颈部开始,先测腹面躯干左右两侧及两下肢,再测背面躯干及两下肢,最后测前胸。检查中探头窗口要对准被侧体表,窗口距体表 1~3 cm,以每秒 30~50 cm 速度移动探头,当听到有声音报警时,探棒应在该处停留 0.5~1 min,待稳定后读数。

【实验结果】

记录人体模型上有明显沾染的部分和沾染程度,将检测结果填入表 2.6,并比照表 2.7 中数值,说明是否超过战时沾染控制限值,是否需要洗消。

表 2.6 人员体表放射性沾染测量结果

| 组 别 | 面板量程 | 探头外罩位置 | 沾染部位 | 沾染程度 |
|---|---|---|---|---|
|  |  |  |  |  |
|  |  |  |  |  |
|  |  |  |  |  |

表 2.7 人员和物体表面放射性沾染程度控制值

| 物体表面 | 表面 β 沾染程度/(Bq/cm²) | γ 剂量率*/(μGy/h) |
|---|---|---|
| 人体皮肤、内衣 | $1 \times 10^4$ | 40 |
| 手 | $1 \times 10^4$ | —— |
| 人体伤面 | $3 \times 10^4$ | —— |
| 炊具和餐具 | $3 \times 10^4$ | —— |
| 服装、防护用品、轻型武器 | $2 \times 10^4$ | 80 |
| 建筑物、工事和车船内部 | $2 \times 10^4$ | 150 |
| 大型武器、装备 | $4 \times 10^4$ | 250 |
| 露天工事 | $4 \times 10^4$ | 250 |

* 为爆炸后 10 d 内的放射性落下灰数值,爆后 10～30 d 者,为表内数值的两倍。

**【实验注意事项】**

(1)读取头颈部、双手和服装重点部位(如肩背部、腋窝、臂部、裤脚、鞋等)的沾染程度,与需洗消沾染程度参考控制值比较,决定是否需要洗消。

(2)对被照射者进行洗消时,如果受照着有伤,应就着伤者的体位进行,不可勉强让伤者站立、转身等。

**【思考题】**

(1)人员体表沾染检查方法和注意事项是什么?

(2)如果人员体表沾染程度为 $1.5 \times 10^5$ Bq/cm²,该如何处理?

# 实验 2.13　$^{131}$I 体内分布和稳定性碘阻抑 $^{131}$I 在甲状腺内蓄积

**【实验目的】**

了解放射性核素在体内的选择性分布,观察稳定性碘阻抑甲状腺蓄积放射性碘的效果。

**【实验原理】**

核爆炸或核电站安全壳损坏后的早期落下灰中,放射性碘约占总放射性的 5～10％,它可经消化道,呼吸道和伤口进入人体。吸收入血的放射性碘,即参与体内碘代谢,约 30％左右积聚于体积很小的甲状腺中参与甲状腺素合成代谢,使甲状腺受到较持久的照射,引起甲状腺辐射损伤。实验证明,若在摄入早期落下灰前,先口服碘化钾,则有良好的阻抑甲状腺蓄积放射性碘的作用,因而对甲状腺损伤起到有效的预防作用。目前,服用碘化钾预防放射性碘对甲状腺的损伤,已为各国广泛采用。

**【实验动物、器材和药品】**

昆明种小鼠、放免 γ 计数仪、生理盐水、0.1％碘化钾溶液、$Na^{131}I$ 溶液($3.7 \times 10^4$ Bq/mL)、25％乌来糖溶液、1 mL 注射器、4 号和 5 号针头、眼科剪、镊子、小弯盘、小鼠解剖台、棉球、吸水纸、塑料试管

**【实验方法和步骤】**

(1)动物准备。每组小鼠 2 只,其中 1 只做好标记,有标记的为预防鼠,无标记的为对照鼠。

(2)注射药物。按表 2.8 所列内容,分别给预防鼠和对照鼠注射药物。

表 2.8　小鼠给药方法

| 药　物 | 注射部位 | 给药量/mL | |
| --- | --- | --- | --- |
| | | 预防鼠 | 对照鼠 |
| 0.1％碘化钾 | 腹腔 | 0.2 | — |
| 生理盐水 | 腹腔 | — | 0.2 |
| $Na^{131}I$ 溶液($3.7 \times 10^4$ Bq/mL) | 皮下 | 0.2 | 0.2 |

(3)解剖取样。皮下注射完药物后 1 h 左右,小鼠腹腔注射 1 mL 25％乌来糖致死,解剖分别取出下列样品:

1)取两鼠甲状腺样品。将两鼠仰卧,分别用图钉将小鼠四肢和上唇固定在解剖台上,正中剪开颈部皮肤,分离颌下腺和颈部肌肉,暴露气管及喉。在喉下方的气管两侧,可见 1 对红色的椭圆形甲状腺(见图 2.12)。在充分分离气管腹面和两侧肌肉(必要时可剪断)以后,自喉之上端至喉下 0.5 cm 处剪下附着甲状腺的气管。用吸水纸吸干血液后,放置塑料试管内待测。

2)取对照鼠的肌肉和肝脏样品。另取 2 只塑料试管,先测量本底。剪取对照鼠颈部肌肉

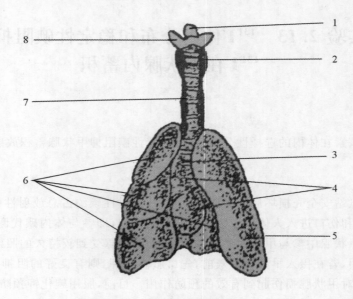

图 2.12　小鼠呼吸器官腹面图

1—会厌软骨；　2—甲状腺；　3—胸腺；　4—心脏；

5—左肺；　6—右肺；　7—气管；　8—甲状软骨

1 小块(大小同甲状腺样品)，用吸水纸吸干表面血液，放于试管内待测。破开对照鼠腹腔，剪取肝脏 1 小块(大小与肌肉块相似)用吸水纸吸干表面血液，放于另 1 只试管内待测。

(4)样品放射性检测。将各放射性样品，分别送入 γ 计数仪内测量其放射性，每个样品测 1 min，读数取每分钟计数率(counts per minute，cpm)并记录。

【实验结果】

(1)对照小鼠甲状腺、肌肉和肝脏样品放射性比较(见表 2.9)。

表 2.9　对照小鼠甲状腺、肌肉、肝脏放射性测量结果

| 计数率/cpm | 甲状腺 | 肌　肉 | 肝　脏 |
|---|---|---|---|
| 试管本底 | | | |
| 样品计数率 | | | |
| 样品净计数率 | | | |

(2)对照鼠和预防鼠甲状腺放射性比较(见表 2.10)。

表 2.10　两鼠甲状腺放射性测量结果

| 组　　别 | 计数率/cpm | | | 阻抑率/(%) |
|---|---|---|---|---|
| | 试管本底 | 甲状腺 | 净计数率 | |
| | | | | |
| | | | | |

阻抑率计算公式为

$$阻抑率(\%) = \frac{对照鼠净计数率 - 预防鼠净计数率}{对照鼠净计数率} \times 100\%$$

**【实验注意事项】**

(1)碘化钾和生理盐水的注射器不能混用,对照鼠不能接触碘化钾。

(2)麻醉小鼠时剂量需准确,注射速度要慢,防止小鼠因麻醉过量而死亡。

**【思考题】**

(1)早期放射性落下灰的主要危害核素有哪些?对机体危害的主要器官是什么?其防治措施有哪些?

(2)阐述放射性核素在体内的分布规律?

# 实验 2.14　皮肤、伤口部位放射性沾染的消除

**【实验目的】**

掌握皮肤、伤口放射性沾染的常规消除方法,熟悉 ZC－201 型放射性沾染测量仪的使用方法。

**【实验原理】**

核爆炸时,形成大量的放射性物质,对未采取防护措施的皮肤、伤口等可造成不同程度放射性污染。沾染放射性物质的皮肤或伤口如不及时消除沾染,可引起沾染部位的放射性损伤;吸收入体内者可引起机体的内照射放射损伤。

对受放射性物质沾染的皮肤可用无沾染的清水(自来水、河水)等反复冲洗;受放射性物质沾染的伤口,可用生理盐水、2%柠檬酸溶液、1%高锰酸钾溶液等,甚至亦可用无污染的清水冲洗,并用纱布、棉球轻轻擦洗进行清创。必要时进行扩创,以达消除沾染的目的。

**【实验动物、器材和药品】**

ZC－201 型放射性沾染测量仪、鼠固定台、手术刀、手术剪、注射器、镊子、乳胶手套、肾形盘、烧杯、试管、腊制板、纱布、干棉球、Na$^{131}$I 溶液、10%Na$_2$S 溶液、生理盐水、3%～5%柠檬酸、乙醚、紫碘、小白鼠

**【实验方法和步骤】**

1. ZC－201 型放射性沾染测量仪

(1)ZC－201 型放射性沾染测量仪的主要构造。

ZC－201 型放射性沾染测量仪由探头、操纵箱和专用铅室组成。探头为接受射线的装置,内有一个 J－69 型卤素计数管。操纵箱由整形放大和显示记录部分组成。操纵箱面板上有定时开关、启动按钮、转换开关和荧光数码管等显示记录装置,如图 2.13 所示。

(2)使用方法。

1)将仪器的转换开关置于"断"位,安装电池或接好电源线(仪器可用 6 节 1.5 V1 号电池,也可用专用电源线,连接 220 V 交流电源使用)。

2)将探头连接于操纵箱面板上的"输入"插座。

3)检验仪器:将转换开关旋到"检 1"位置,然后逐档转换"定时"旋钮和按动"启动"按钮,数码管应按顺序进行显示。然后再将转换开关旋到"检 2"位置,依同法逐档转换"定时"按钮,进行检验。如数码管显示也正常,说明仪器工作正常。

4)测量:将需要测量的样品碟,送入铅室小抽屉内,将探头的外罩旋下,探头插入铅室上孔。亦可用探头直接在沾染部位进行测量,测量时探头应距沾染处 2～3 cm。测量 β 放射源沾染时,可去除探头外罩。根据所测放射性强弱,较强者将旋转开关置于量程"×10"位,较弱者置于"×1"位。将定时旋钮置于预定的测量时间上最后按动"启动"按钮,即进行计数。量程"×10"位时的计数结果应乘以系数"10"。

图 2.13　ZC-201 型放射性沾染测量仪

2. 皮肤的放射性沾染及其消除

(1)麻醉及脱毛。取两只小鼠放入盛有乙醚纱布(或棉球)的烧杯内,等小鼠倒地后即可取出;将麻醉鼠俯卧式固定于固定台上,用镊子夹棉球蘸取脱毛剂(10%Na$_2$S 溶液)擦洗,脱掉背部中央约 2 cm$^2$ 毛,再用自来水冲洗干净,然后用 1 cm 直径试管口沾取紫碘在脱毛区中央印一圆形标记。

(2)皮肤的放射性沾染及其测量。用 0.25 mL 注射器吸取放射性碘(Na$^{131}$I 液)0.2 mL(比活性为 10 $\mu$ci/mL),滴 2 滴于背部圆形标记范围内,涂抹均匀,记录时间,10 min 后,用 ZC-201 型放射性沾染测量仪测其放射性(次/min,cpm);共测两次,每次 1 min,最后求其平均值。

(3)皮肤的除沾染。取干棉球蘸取生理盐水或 3%～5%柠檬酸液分别擦洗已被放射性碘沾染的皮肤,共擦五次(每次擦洗时的力量和速度保持相对一致)。洗消完毕后再测其放射性,记录洗消前、后的放射性,分别求出生理盐水和柠檬酸液的除沾染率。

3. 伤口的放射性沾染及其消除

(1)麻醉及脱毛。将另 2 只小鼠进行乙醚麻醉并脱去背部区的毛(方法同前)。

(2)人工伤口的制作。在已脱毛小鼠背部的圆形标记内,沿圆形标记线内缘剪开皮肤,剥离肌膜层(切勿破坏肌膜),即成一圆形伤口。

(3)伤口放射性沾染及测量。将 0.25 mL 注射器内的放射性碘(Na$^{131}$I,比活性为 10 $\mu$ci/mL),滴 2 滴于人工伤口内,涂抹均匀,记录时间,待 10 min 后(或烤干),用 ZC-201 型放射性沾染测量仪测其放射性,并记录之。

(4)伤口的除沾染。用消毒干棉球蘸吸生理盐水或 3%～5%柠檬酸液分别擦洗 2 只已被沾染的小鼠伤口,重复擦 5 次(每次擦洗时的力量和速度保持相对一致),洗消完毕后,再用 ZC-201 型放射性沾染测量仪测量伤口内的放射性。分别求出生理盐水和 3%～5%柠檬酸液的除沾染率。

【实验结果】

按下述公式算出除沾染率有

$$除沾染率=\left(1-\frac{除沾染后计数率}{除沾染前计数率}\right)\times100\%$$

小鼠皮肤、伤口除沾染结果填入表 2.11。

**表 2.11　小鼠皮肤、伤口除沾染结果**

| 沾染部位 | 洗消液 | 洗消前计数率/(%) | 洗消后计数率/(%) | 除沾染率/(%) |
|---|---|---|---|---|
|  |  |  |  |  |
|  |  |  |  |  |

**【实验注意事项】**

(1)需注意小鼠的麻醉剂量,严格控制麻醉剂的注射速度。

(2)勿转动放射性沾染测量仪"甄别"旋钮。若使用电池作为电源时,仪器长期不用,必须将电池取出,以免电池腐烂,锈蚀仪器。

**【思考题】**

(1)核爆炸形成的大量放射性物质沾染人体时对人体有何危害?

(2)放射性落下灰沾染人体时有哪些消除方法?

# 实验 2.15　食品、药品、水源和卫生防护器材放射性沾染的检测及除污染

## 【实验目的】

了解核事故、核战争条件下放射性沾染的来源和种类,掌握食品、药品、水源和卫生防护器材放射性沾染的检测、消除和评估。

## 【实验原理】

放射性落下灰对食品、药品、水源和卫生防护器材放射性沾染形式有:机械性附着或渗入、物理吸附、化学结合等。因此对其除沾染的方法可依放射物质与被沾染物质的作用特点,采用机械或物理的方法,将放射性物质从被沾染物质表面或中间除去。常用除沾染的方法有:①机械除沾染:如冲洗、擦拭、吸除、抖拂等;②物理除沾染:如 0.5%~1%柠檬酸钠或采用表面活性剂(如肥皂或合成洗涤剂),通过产生泡沫、降低表面张力的作用去除沾染物,采用这种洗消剂时,一般应与机械法相结合;③化学除沾染:利用洗消剂与放射性物质发生化学作用,达到去除沾染的目的,常用的洗消剂有络合物(或螯合剂)、氧化剂、复合洗消剂等。

## 【实验器材和药品】

ZC-201 型放射性沾染测量仪、FFS06 型辐射仪、短半衰期的放射性核素、1 mol/L 氢氧化钠溶液、1 mol/L 盐酸、1%柠檬酸钠溶液、混凝剂、芦荟、离子交换柱、活性炭吸附柱、大烧杯、玻璃棒、方盘、样品碟、精密 pH 试纸、记号笔、红外线灯水、药品、食品、卫生防护器材

## 【实验方法和步骤】

1. 仪器调试

(1)FFS06 型辐射仪的使用,见实验 2.12。

(2)ZC-201 型放射性沾染测量仪的使用,见实验 2.14。

2. 测量本底

用 ZC-201 型放射性沾染测量仪对未沾染的食品、药品、水源和卫生防护器材分别测量本底,每个样品测量 5 min,记录计数率。

3. 食品、药品放射性沾染的检测

将待测食品、药品等被测物放入样品碟内,用 ZC-201 型放射性沾染测量仪测量,记录计数率,根据测量结果,比较它们的沾染程度。

4. 水源放射性沾染的检测及除沾染

向样品碟中缓慢滴入 4 mL 沾染水,放入铅室中检测其计数率。

(1)酸性条件下的混凝沉淀。取烧杯一个,放入 400 mL 沾染水,滴加 1 mol/L 盐酸,调 pH 值至 3 左右,加入泥土和混凝剂,用玻璃棒搅匀后静置 5 min,待混凝块沉淀后,用毛细滴管吸取上清液 4 mL 放入样品碟,于铅室里测量,记录计数率并计算出除沾染率。

(2)碱性条件下混凝沉淀。取烧杯一个,放入 400 mL 沾染水,用 1 mol/L 氢氧化钠调 pH 值至 8 左右,加入泥土和混凝剂,用玻璃棒搅匀后静置 5 min,待混凝块沉淀后,用毛细滴管吸

取上清液 4 mL 放入样品碟,于铅室里测量,记录计数率并计算出除沾染率。

(3)泥土沉淀。取 400 mL 沾染水放入烧杯中,加入泥土,用玻璃棒搅匀静置 5 min,沉淀后取上清液 4 mL 放入样品碟,放入铅室测量,计算出除沾染率。

(4)芦荟沉淀。取沾染水 400 mL 放入烧杯中,加入泥土,用玻璃棒搅匀,而后投入砸烂的新鲜芦荟少许,混匀静置 5 min,沉淀后取上清液 4 mL 放入样品碟,放入铅室内测量,计算出除沾染率。

(5)活性炭吸附。向活性炭柱中注入沾染水样至一定刻度,静置 5 min。在柱的下端放一烧杯,开启活塞,使水缓慢滴入杯内以排除管内原有的液体,关闭活塞,移开烧杯,向样品碟中缓慢滴入 4 mL 过滤水样,关好活塞,把样品碟放入铅室计数,计算出除沾染率。

(6)离子交换。取沾染水 100 mL 放入离子交换柱内,吸附柱下放一小烧杯。打开吸附柱活塞,使水缓慢滴入烧杯内,滴入 10 mL 后关好活塞,移开烧杯,取样品碟放于吸附柱下,打开活塞,缓缓滴取离子交换水样 4 mL,关好活塞,把样品碟放入铅室测量,计算出除沾染率。

5. 卫生防护器材的沾染检测及除沾染

(1)卫生防护器材的沾染检测。取调试成工作状态的 FFS06 型辐射仪操纵箱佩于胸前,把探头窗口对着待测放射性沾染器材表面,距离约 1 cm,缓慢移动探头。在测放射性沾染时,于听到"嗒嗒"声密集处读数,记录该处的放射性沾染程度,并在该处用记号笔画圈做记号。用 ZC—201 型放射性沾染测量仪测其计数率,记录下来。注意要对受检器材各部位进行全面检查,防止遗漏。

(2)卫生防护器材的除沾染。将放射性沾染的器材用清水刷洗 10 次或浸泡 5 min,刷洗过的器材再在清水中荡洗(不用刷子)5 次,最后,放在红外线灯下烘干,用 ZC—201 型放射性沾染测量仪测其计数率。用 1‰柠檬酸钠溶液作洗消液重复上述实验并计算其除沾染率。

【实验结果】

按下述公式算出除沾染率,有

$$除沾染率 = \left(1 - \frac{除沾染后净计数率}{除沾染前净计数率} \times 100\%\right)$$

(1)食品、药品放射性沾染的检测结果填入表 2.12。

表 2.12　食品、药品放射性沾染的检测结果

| 样本(名称) | 本底计数率/(%) | 计数率/(%) | 净计数率/(%) |
|---|---|---|---|
| 1 | | | |
| 2 | | | |
| 3 | | | |
| 4 | | | |
| 5 | | | |
| 6 | | | |

（2）水源放射性沾染的检测及除沾染结果填入表 2.13。

**表 2.13 水源放射性沾染的检测及除沾染结果**

| 样本（名称） | 本底计数率/（%） | 除沾染前净计数率/（%） | 除沾染后净计数率/（%） | 除沾染率/（%） |
|---|---|---|---|---|
| 1 | | | | |
| 2 | | | | |
| 3 | | | | |
| 4 | | | | |
| 5 | | | | |
| 6 | | | | |

（3）卫生防护器材的沾染检测及除沾染结果填入表 2.14。

**表 2.14 卫生防护器材的沾染检测及除沾染结果**

| 卫生防护器材 | 本底计数率/（%） | 除沾染前净计数率/（%） | 除沾染后净计数率/（%） | 除沾染率/（%） |
|---|---|---|---|---|
| 1 | | | | |
| 2 | | | | |
| 3 | | | | |
| 4 | | | | |
| 5 | | | | |
| 6 | | | | |

（4）讨论各除沾染方法的优缺点。

**【思考题】**

（1）器材沾染检测与除沾染方法有哪些？

（2）对放射性沾染水可用哪些方法除沾染？其原理如何？

# 实验 2.16　药品感生放射性比活度测量

## 【实验目的】

初步掌握药品感生放射性比活度测定的方法。

## 【实验原理】

为保障伤病员安全用药,对核爆区内受到中子作用的药物,需要及时测定其感生放射性比活度。感生放射性通常释放 β 与 γ 辐射,通过辐射仪器测量可得出其比活度。方法是根据样品的计数率,进行仪器计数效率和样品自吸收等因素的修正,测算出样品的放射性比活度。

（1）固体样品为

$$Q = \frac{N}{\eta \times S \times X \times 60 \times 10^3}$$

或　　　　$$Q = \frac{N}{\eta \times S \times 1.44\Delta_{1/2} \times 60 \times 10^3} = 1.2 \times 10^{-5} \frac{N}{\eta \times S \times \Delta_{1/2}} \quad (kBq/g)$$

（2）液体样品为

$$Q = \frac{N}{\eta \times 60 \times V} = 1.7 \times 10^{-5} \frac{N}{\eta \times V} \quad (kBq/mL)$$

式中　$Q$ —— 药品感生放射性比活度（kBq/g 和 kBq/mL）;

　　　　$N$ —— 样品的计数率（cpm）;

　　　　$\eta$ —— 仪器的计数效率（%）;

　　　　$S$ —— 样品的碟面积（cm²）;

　　　　$X$ —— 样品的等效厚度（mg/cm²）,等效厚度是指无限厚度样品表面释放的粒子（射线）数相当于此厚度内所含粒子数,单一放射性核素此厚度等于其半减弱层（$\Delta_{1/2}$）的 1.44 倍,即 $X = 1.44\Delta_{1/2}$,半减弱层可查表所得,具体见《辐射剂量学》教材;

　　　　$V$ —— 液体样品体积的数值（mL）。

## 【实验器材与样品】

ZC-201 型放射性沾染测量仪,塑料样品碟,玻璃药匙,吸管、洗耳球、橡皮手套、小弯盘、放射性样品等。

## 【实验方法和步骤】

ZC-201 型放射性沾染测量仪的使用方法参见实验 2.14。

1. 分工

铺样 1 人（戴橡皮手套）,操作仪器 1 人,记录和计算 1 人,其余人协助。

2. 固体药品测量

（1）测量本底。取空白样品碟放入铅室小抽屉内,卸去仪器探头铝罩,将探头插入铅室上端孔中。仪器开关指在"×1"处,计时器置于"5 min"处,启动仪器计数。

（2）铺样。操作者戴好手套。将测好本底的样品碟放在垫有吸水纸的弯盘内,用药匙将沾染药品均匀平铺在样品碟内,分层压实,最后使样品表面离样品碟口 1mm 左右。

（3）测量。将铺好的样品放在铅室小抽屉内测量。方法同(1),测量 5 min。

（4）计算。将测量结果算出每分钟计数率（cpm）。再减去本底计数率,得样品净计数率 N,代入公式算出样品比活度。

3. 液体样品测量

（1）测量本底,方法同上。

（2）铺样品,操作要求同上,取 1～2 mL（视放射性活度而定）样品于样品碟内,烘干。

（3）测量,方法同上。

（4）计算,求出样品计数率代入公式计算样品比活度。

【实验结果】

根据测量结果说明该药如何使用。

【思考题】

药物为何能产生感生放射性,药物产生感生放射性后,应如何限时、限量使用?

# 实验 2.17　小鼠 γ 射线照射后 LD$_{50/15}$的测定

**【实验目的】**

观察不同剂量 γ 射线全身照射小白鼠 15 d 内死亡的百分率,测定小白鼠的 LD$_{50/15}$,掌握由外照射复制实验性急性放射病的一般方法及其照射动物的条件和程序。

**【实验原理】**

照射剂量是影响电离辐射生物效应的首要因素。总的规律是照射剂量愈大,效应愈显著,死亡率愈高,但并不完全呈直线关系。以小白鼠为例,电离辐射引起死亡的剂量效应关系呈一条 S 形曲线,曲线表明,当死亡率在 50％附近时,曲线有急剧的变化,即在此处较小剂量的变化就引起较明显死亡率改变。因此将引起被照机体死亡 50％时的剂量称为半致死剂量(LD$_{50}$),作为衡量机体放射敏感性的参数,LD$_{50}$数值愈小,机体的放射敏感性愈高。

一般以不同剂量的射线照射同系、同性别、同年龄的小白鼠,使之产生急性放射损伤,以 15 d 内小鼠的死亡率作为生物效应指标,得到剂量—死亡率曲线。

**【实验仪器与动物】**

$^{60}$Co 放射源、健康雄性 BALB/c 小鼠(10～12 周龄,体重为 22±2 g)

**【实验方法和步骤】**

(1)动物分组。取 120 只雄性小白鼠,随机分成 10 组。

(2)计算照射时间。小鼠距放射源等距离时,照射剂量不同,所需的时间不同。计算不同剂量组别所需的时间。

(3)照射。在受照小鼠笼壁上标明照射剂量,将小鼠固定好,用$^{60}$Coγ 射线进行全身照射,照射剂量分别为 1.24、1.56、1.96、2.46、3.08、3.86、4.84、6.06、7.60、9.52 Gy。照后,常规饲养。

(4)观察动物死亡数:照射后按规定时间记录。每天上午、下午、晚上各观察并记录动物活动情况及小鼠的死亡数,连续观察 15 d。

(5)利用表 2.15 数据采用目测概率单位法求出 LD$_{50/15}$,并绘制出小白鼠死亡率曲线。

表 2.15　小白鼠 LD$_{50/15}$计算统计表

| 组别 | 照射剂量/Gy | 相邻两组剂量比率/(％) | 动物数 | 死亡数 | 死亡率/(％) | 概率单位 |
|---|---|---|---|---|---|---|
| 1 | 1.24 | 1.254 | 10 | | | |
| 2 | 1.56 | 1.254 | 10 | | | |
| 3 | 1.96 | 1.254 | 10 | | | |
| 4 | 2.46 | 1.254 | 10 | | | |
| 5 | 3.08 | 1.254 | 10 | | | |
| 6 | 3.86 | 1.254 | 10 | | | |

续 表

| 组别 | 照射剂量/Gy | 相邻两组剂量比率/(%) | 动物数 | 死亡数 | 死亡率/(%) | 概率单位 |
|------|------------|----------------------|--------|--------|------------|----------|
| 7 | 4.84 | 1.254 | 10 | | | |
| 8 | 6.06 | 1.254 | 10 | | | |
| 9 | 7.60 | 1.254 | 10 | | | |
| 10 | 9.52 | | 10 | | | |

## 【目测概率单位法】

(1)根据各组小白鼠死亡率,从百分率与概率单位对照表中查到各组死亡率的概率单位(死亡率 0 和 100% 者不列入计算)。

(2)取方格坐标纸,横坐标表示剂量对数,纵坐标表示概率单位。

(3)沿着各点的分布趋势,用直尺绘制出一条适合各点的直线,力求直线通过各点中间。

(4)从概率单位 5.0(死亡率 50%)通过所画直线处找出相对应的对数剂量。

(5)再对对数剂量取反对数即得出实际 $LD_{50/15}$ 的照射量。

## 【实验结果】

根据小白鼠 $LD_{50/15}$ 计算统计表的数据,用目测法计算出小白鼠 $LD_{50}$,绘制小白鼠死亡率曲线,求出小白鼠 $LD_{50}$ 的可信限。讨论动物死亡率与照射剂量之间的关系。

## 【思考题】

(1)使用放射源照射动物应注意哪些事项?

(2)怎样用随机方法对实验动物分组?

(3)什么叫半数致死量($LD_{50}$),测定 $LD_{50}$ 有何意义?

# 实验 2.18　γ射线照射细胞 DNA 双链断裂的检测

## 【实验目的】

掌握检测 DNA 双链断裂的方法,观察电离辐射对 DNA 分子结构的损伤,进一步理解电离辐射引起 DNA 损伤的生物学意义。

## 【实验原理】

DNA 是电离辐射的靶分子,DNA 链断裂(DNA Strand Break)是电离辐射损伤的主要形式。DNA 双螺旋结构中有一条链断裂,称为单链断裂(Single Strand Brank,简称 SSB);两条互补链在同一对应处或"紧密相邻处"同时断裂者为双链断裂(Double Strand Breank,简称 DSB)。对于具有双链 DNA 的真核生物,单链断裂能迅速在细胞内修复,而双链断裂通过原位重接的概率很小,依靠重组修复时染色体畸变发生率高,加之双链断裂常并发氢键断裂,故双链断裂是细胞死亡的重要原因,因此检测 DNA 双链断裂对受照细胞预后意义较大。

目前检测 DNA 双链断裂的方法较多,如羟基磷灰石法、滤膜洗脱法、梯度密度离心法、DNA 解旋荧光检测法、DNA 放射自显影法、电镜法、免疫法、彗星法、电泳法。本实验采用脉冲交变电场凝胶电泳法,该方法原理为受照细胞被固定于凝胶中,用溶膜液处理后纯化 DNA,避免 DNA 提取时的额外损伤,置于交变场(两方向夹角为 120°)凝胶中电泳,区分 DNA 双链断裂(DSB)的大小不同片段。DSB 电泳走向呈"Z"字形,DSB 越小,电泳速度越快,移动路程越长。一般以电泳后原点 DNA 残留率表示 DNA 双链断裂程度,残留率越高,DNA 双链断裂越小,DNA 辐射损伤越轻;反之,残留率越低,DNA 双链断裂越多,DNA 辐射损伤越重。

## 【实验仪器和试剂】

人肝癌细胞株、培养瓶、血细胞计数板、培养箱、倒置显微镜、$^{60}$Coγ 辐照源、HY 超级恒温器、DY−4A 交变脉冲电泳仪、DY−4A 交变脉冲电泳槽、ZE−2 型紫外检测仪、加样器、1 mL加样头、100 μL 加样头、若干玻璃小瓶、RPMI1640 完全培养液(含 10％小牛血清)、PBS 液、低熔点琼脂糖、琼脂糖、溶膜液、0.5×TBE 电泳液、0.5 μg/mL 溴化乙锭等。

## 【实验方法和步骤】

1. 人肝癌细胞培养

肝癌细胞在含 10％小牛血清完全培养液中,呈贴壁生长。取对数生长期细胞,制备单细胞悬液($5×10^5$/mL)。

2. 照射细胞

单细胞悬液等浓度等体积分装若干个小玻璃瓶,每瓶 2 mL,无菌封口。置于 0～4℃冰浴30 min,$^{60}$Coγ 射线照射,距离辐照源一定距离处,照射剂量分别为 10～40 Gy,对照组为假辐照组。照后 3 瓶细胞迅速于冰浴保存。

3. DSB 检测

(1)固化细胞。受照细胞离心 3 000×10 min,弃上清,用 PBS 液 25 μL 悬浮细胞,再加入等体积 1％低熔点琼脂糖混匀,取 40 μL 加入有机玻璃膜孔中,44℃保存 10 min,凝固成琼脂糖凝胶块,每块含 $2×10^5$ 个细胞。

(2)固化 DNA。将样品凝胶块置于溶膜液(0.5 mol/L EDTA,1%SDS,2 mg/mL 蛋白酶,0.02 mol/LNaCl,0.01 mol/LTris－Cl,pH8.0)50℃48 h,用 TE 液(0.01 mol/L EDTA,0.01 mol/L Tris－Cl,pH8.0)小心清洗胶块,30 min×3 遍,胶块于 0.5 mol/L EDTA 液 4℃保存。

(3)DNA 电泳。电泳槽内放置 1%琼脂糖凝胶,大小为 9.5 cm×9.5 cm×0.55 cm,样品胶块插入加样孔内,1%凝胶封固,加入电泳缓冲液 1 000 mL(0.5×TBE),连接交变脉冲电泳仪,电泳条件为电压 80 V,脉冲时间 A、B 两组 420 s,电泳时间 48 h。

(4)DSB 染色扫描。电泳结束后,凝胶用 0.5 $\mu$g/mL 溴化乙锭染色 30 min。于紫外检测仪观察扫描结果,显示样品 DNA 进胶和残留在原点的分布图,进胶 DNA 片断即为双链断裂 DNA(DBS),根据扫描荧光度值,计算 DNA 残留率(残留在原点 DNA 的百分数)=各组照射组原点胶荧光度值/正常对照组原点胶荧光度值×100%;以 DNA 残留率大小表示 DNA 双链断裂程度。

**【实验结果】**

(1)按表 2.16 格填写实验数据,并计算细胞 DNA 残留率。

**表 2.16　不同照射剂量对受照人肝癌细胞 DNA 双链断裂程度的影响**

| 照射剂量/Gy | 原点荧光度值 | DNA 残留率/(%) |
| --- | --- | --- |
| 0 | | |
| 1 | | |
| 5 | | |
| 10 | | |
| 20 | | |
| 40 | | |

(2)根据所得实验数据,绘制照射剂量与 DNA 残留率或 DNA 双链断裂程度的曲线。

**【思考题】**

(1)电离辐射对 DNA 分子有哪些损伤作用?

(2)为什么说 DNA 双链断裂是细胞死亡的重要原因?

# 实验 2.19 小鼠骨髓造血干细胞剂量-存活曲线的测定

## 【实验目的】

掌握细胞存活的体内测量技术,掌握细胞剂量-存活曲线的绘制及 $D_0$、$D_{37}$ 值的计算。

## 【实验原理】

细胞剂量-存活曲线描述辐射剂量与细胞存活分数之间的关系。对于有完整增殖能力的细胞,如骨髓造血干细胞或离体培养生长的细胞等,凡保留其增殖能力能持续繁殖产生克隆或集落,称之为存活细胞。在体内或离体培养条件下,一个存活细胞繁殖成的一个细胞群体,称之为一个细胞集落(colony)。这些细胞一旦丧失完整的增殖能力,即发生增殖死亡。通过体内或体外测量技术可测定不同剂量照射后细胞的集落数,计算出各剂量点细胞的存活分数(surviving fraction),并绘制出该细胞的剂量存活曲线,求出相应的参数(如 $D_{37}$ 值或 $D_0$ 值等),以比较细胞的放射敏感性。

本实验采用细胞存活的体内测量技术,测定骨髓多能造血干细胞的剂量存活曲线。其原理是:将受不同剂量照射小鼠(称之为供体)的骨髓细胞移植到受致死剂量照射的同系小鼠(称之为受体)体内。供体造血干细胞可在受体脾脏增殖形成集落,称之为脾集落或脾结节。因此时受致死剂量照射的受体小鼠体内已无内源性造血干细胞存在,故移植后在受体小鼠脾脏形成的脾结节则全部来自供体。通过实验可测定出不同剂量照射后的脾结节数,计算出存活分数,并绘制出骨髓多能造血干细胞的剂量存活曲线。

## 【实验仪器和试剂】

1640 培养液、白细胞稀释液、75％酒精、Bouins 液(苦味酸—甲醛固定液)、超净工作台、光学显微镜、解剖显微镜或放大镜、血细胞计数板、小鼠尾静脉注射固定架、冰块、搪瓷盘、眼科手术剪刀、镊子、平皿、广口瓶(6 cm)、注射器(1 mL,5 mL)、针头(6 号及 4 号)、吸管(10 mL)、灭菌纱布

## 【实验方法和步骤】

1. 骨髓细胞悬液制备(供体)(注意无菌操作)

(1)取小鼠股骨。

受不同剂量照射的供体小鼠,于照后 24 h 颈椎脱臼处死,无菌条件下取出一侧股骨,用无菌纱布除掉附着的肌肉。

(2)制备骨髓单细胞悬液。

剪去股骨上端,用装有 6 号针头的注射器(事先用 1640 培养液冲洗)由股骨下端刺入,将骨髓腔内的全部骨髓细胞冲入盛有 10 mL 培养液的广口瓶中(反复冲 3 次)。然后,换 4 号针头吹打细胞,制备单细胞悬液。按白细胞计数法计数有核细胞数,调细胞浓度为 $5×10^5$ 个/mL。置广口瓶于冰上,保存细胞备用。

2. 受体小鼠的准备及骨髓细胞输注

(1)受体照射。受体小鼠接受 8.5 Gyγ 射线全身照射。

（2）骨髓细胞输注。将备用供体骨髓细胞悬液充分混匀后，吸入装有 4 号针头的 1 mL 注射器中，经尾静脉输注入受体小鼠中。每只鼠输入 0.2 mL 悬液，含骨髓细胞 $10^5$ 个。

3. 脾结节计数。

骨髓细胞输注后 9 d，小鼠颈椎脱臼处死取脾脏，置入 Bouins 液中固定 12 h 后，解剖显微镜下或放大镜计数脾结节数。

**【实验结果与讨论】**

（1）实验结果记录于表 2.17 中。

表 2.17　辐射小鼠骨髓移植情况记录

| 组别 | 供　体 | | | 受　体 | | 存活分数 |
| | 照射剂量 /Gy | 有核细胞数 /（×$10^7$每根股骨） | 照射剂量 /Gy | 注入细胞数 /（×$10^5$/0.2 mL） | 某剂量脾结节数/ 注入细胞数 |
| | | | | | 0 剂量脾结节数/ 注入细胞数 |
| 1 | 0 | | 1 | 8.5 | |
| | | | 2 | 8.5 | |
| | | | 3 | 8.5 | |
| | | | 4 | 8.5 | |
| | | | 5 | 8.5 | |
| 2 | 1 | | 1 | 8.5 | |
| | | | 2 | 8.5 | |
| | | | 3 | 8.5 | |
| | | | 4 | 8.5 | |
| | | | 5 | 8.5 | |
| 3 | 2 | | 1 | 8.5 | |
| | | | 2 | 8.5 | |
| | | | 3 | 8.5 | |
| | | | 4 | 8.5 | |
| | | | 5 | 8.5 | |
| 4 | 3 | | 1 | 8.5 | |
| | | | 2 | 8.5 | |
| | | | 3 | 8.5 | |
| | | | 4 | 8.5 | |
| | | | 5 | 8.5 | |
| 5 | 4 | | 1 | 8.5 | |
| | | | 2 | 8.5 | |
| | | | 3 | 8.5 | |
| | | | 4 | 8.5 | |
| | | | 5 | 8.5 | |

（2）以小鼠照射剂量作为横坐标，脾结节存活分数作为纵坐标，绘制小鼠骨髓多能造血干细胞剂量存活曲线（见图 2.14）。

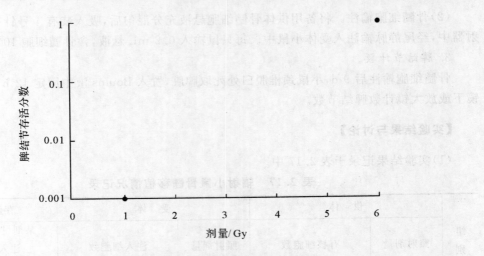

图 2.14　小鼠骨髓多能造血干细胞剂量-存活曲线

**【实验注意事项】**

(1)注意无菌操作。

(2)供体骨髓细胞在体外保存时间不得超过 2～3 h。

(3)输注供体细胞时悬液要充分混匀。

(4)受体小鼠不宜过小,体重以 24±2 g 为宜。

**【思考题】**

(1)简述实验原理。

(2)脾结节形成的意义及与照射剂量之间的关系。

(3)求 $D_{37}$ 值或 $D_0$ 值。

# 实验 2.20　γ射线照射后人外周血淋巴细胞微核率的测定

**【实验目的】**

熟悉细胞浆分裂阻滞微核法的测定方法,掌握微核的形态特征、判定标准及正常范围。

**【实验原理】**

微核是细胞分裂阻滞后的整条染色体或断裂残留的染色体碎片(无着丝粒断片),在分裂末期未纳入主核。在进入下一次细胞周期的间期时它们游离于细胞质内,浓缩成圆形或椭圆形的小体,单个或多个微核,结构和染色体主核相似,大小为主核的 1/3 或以下。

电离辐射可使人体外周血淋巴细胞微核率增高,且在一定剂量范围内两者呈良好的正相关。因此,微核率可作为在一定剂量范围内生物剂量监测的参考指标。该实验方法快速、简便、易于掌握,已广泛应用于辐射损伤、化学诱变等方面。

微核仅出现在诱发后经过一次分裂的间期细胞中。松胞素－B(Cytochalasin－B,Cyt－B)具有在不干扰细胞核分裂的同时具有阻滞胞浆分裂的作用。在细胞分裂末期向培养体系中加入 Cyt－B,Cyt－B 阻止细胞浆内微丝的聚合,分裂一次的所有淋巴细胞的胞浆中将出现两个细胞核－即双核淋巴细胞。如果第二次胞浆分裂被阻滞,则形成 3 核或 4 核细胞,故双核细胞是只经历一次分裂的细胞。在这些细胞中计数微核,可显著提高微核检测的灵敏度和准确性。

微核的判定标准:

(1)在完整的淋巴细胞内,游离于胞浆中,与主核完全分开,若有重叠或相切必须看到各自完整的核膜,圆形或椭圆形,大小在主核的 1/3 以下,结构与主核一致,染色与主核相同或略浅。

(2)大的嗜天青颗粒相鉴别。微核着色浅,可以见到核结构,折光性较弱,一般一个淋巴细胞中往往有一个微核,少数可见 2～3 个。嗜天青颗粒着色深,无结构,折光性强,数量往往较多。对可疑标本可用甲醇褪色,然后用苏木精－伊红染色(HE 染色)。微核中含有 DNA,可与主核一样被染成紫色,而嗜天青颗粒不着色。

**【实验仪器和试剂】**

显微镜、恒温培养箱、低温冰箱、离心机、无菌培养瓶、无菌吸管、滴管、10 mL 离心管、试管、试管架、镊子、酒精灯、胶帽、脱脂玻片、称量天干、量筒、RPMI 1640 培养液、PHA 液、Cyt－B 溶液(贮存液:15 mg Cyt－B 溶于 5 mL 二甲基亚砜中,－70℃保存;应用液:临用前将贮存液用培养基稀释 25 倍)、0.5%KCl 溶液、甲醇、冰醋酸溶液、Giemsa 染液(pH6.8 磷酸盐缓冲液)、Giemsa。

**【实验方法和步骤】**

(1)动物照射:分别用 0,0.1,0.2,0.5,1.0,2.0,3.0,4.0,5.0 和 6.0 Gyγ 射线(剂量率 0.20 Gy/min)全身照射 BALB/c 雄性小鼠,每剂量点 6 只小鼠。

(2)取血、细胞培养:照后 24 h,无菌取小鼠外周血(加适量肝素)。RPMI1640 培养液 2

mL 静脉血 0.2 mL,植物血凝素(Phytohemagglutinin,简称 PHA)0.1 mL,混匀放 37℃恒温培养箱中培养 36 h。

(3)加入 Cyt—B 溶液(终浓度为 6 ug/mL),继续培养 36 h。

(4)分离细胞、低渗处理:终止培养,将培养物移入 10 mL 离心管后,加入 0.5%KCI 溶液 8 mL,混匀(不超过 1 min),加入固定液 0.2~0.3 mL,混匀后以 1500 r/min 离心 5 min,弃上清。

(5)将沉淀物轻轻混匀后加入 4mL 固定液(甲醇:冰醋酸=5:1),混匀,37℃保温固定 15 min,以 1 000 r/min 离心 5 min,弃上清,如此反复 3 次。

(6)于第三次固定后留沉淀 0.2~0.4 mL,滴片,然后用 10 倍稀释的 Giemsa 染液(配制方法见实验 2.22)染色 20 min,水洗晾干。

(7)用油镜计数 1 000 个双核淋巴细胞(CB 细胞),计算出微核细巧细胞率,以千分率表示(正常值:CB 细胞微核率受年龄影响,一般小于 45 岁者,微核率小于 20‰,大于 30‰属于异常,随年龄增加,微核率增加)。

**【实验结果】**

绘制淋巴细胞微核细胞率(见表 2.18)和照射剂量关系曲线;讨论淋巴细胞微核细胞率与照射剂量之间的关系,求出回归方程。

**表 2.18 淋巴细胞微核细胞率**

| 照射剂量/Gy | 受照细胞编号 | | | | | | 微核细胞率 $\bar{x}\pm s$ |
| --- | --- | --- | --- | --- | --- | --- | --- |
| | 1 | 2 | 3 | 4 | 5 | 6 | |
| 0 | | | | | | | |
| 0.1 | | | | | | | |
| 0.2 | | | | | | | |
| 0.5 | | | | | | | |
| 1.0 | | | | | | | |
| 2.0 | | | | | | | |
| 3.0 | | | | | | | |
| 4.0 | | | | | | | |
| 5.0 | | | | | | | |
| 6.0 | | | | | | | |

**【实验注意事项】**

(1)Cyt—B 原液按每次用量分装,保存在－70℃左右低温冰箱中。

(2)Cyt—B 液在贮存及应用过程中应注意避光。

(3)低渗时间不应过长。

(4)在用微核法估算受照射剂量时,采血时间最好在 48 h 之内,最迟不应超过 4 w(因为微核丢失的较快),而且要考虑微核的本底值即二次方程式 $Y=a+bD+cD^2$ 中的 a 项,因为微核的自发率较高,所以不能像采用双着丝粒和着丝粒环估算受照剂量时可以忽略不计。

【思考题】

(1)微核产生的机制是什么?

(2)淋巴细胞微核细胞率与照射剂量的关系及意义?

# 实验 2.21　照射人离体血淋巴细胞染色体标本制备(一)

## 【实验目的】

熟悉人体外周血淋巴细胞离体照射及培养方法的全过程,掌握染色体畸变的检测方法。

## 【实验原理】

人体外周血中约含有 $1\times10^6\sim3\times10^6$ 个/mL 小淋巴细胞,它们几乎都处于 $G_0$ 期或 $G_1$ 期,一般情况下是不分裂的。采用人工离体培养的方法,并培养外周血淋巴细胞,并在培养基中加入有丝分裂刺激剂 PHA 后,可使小淋巴细胞,转化为幼稚细胞－淋巴母细胞。后者具有分裂、增殖能力。在体外经过短期培养,可得到大量有丝分裂细胞。细胞有丝分裂过程中,分裂中期细胞染色体的形态最为典型。一般所说的染色体即指该期而言。

人体外周血淋巴细胞染色体畸变量和受照剂量呈正比关系,且离体照射哺乳动物外周血诱发的淋巴细胞畸变量与活体照射所得的剂量－效应曲线在统计学上无显著差异。因此,外周血淋巴细胞染色体畸变分析可作为生物剂量计,估算辐射事故情况下受照人员所受的辐射剂量。

常见的染色体畸变类型有双着丝粒染色体、环状染色体和无着丝粒片段。双着丝粒染色体为含有两个着丝粒的染色体;环状染色体为一对环形染色单体,由于有着丝粒,两个环在着丝粒处仍然相连;无着丝粒片段为一对环形的染色单体,没有着丝粒。本节实验为人体外周血淋巴细胞照射与培养方法的描述。

## 【实验仪器和试剂】

无菌净化工作台,恒温培养箱,37℃水浴箱(小)、采血用具、无菌照射瓶、无菌培养瓶、无菌吸管、无菌滴管、镊子、酒精灯、胶帽、天平、离心机、烧杯、试管架,PHA 溶液、10 ug/mL 秋水仙碱(colchicine)无菌溶液、150 ug/mL 肝素溶液(无菌)、200 ug/mLBrdU 无菌溶液(避光 4℃保存)

## 【实验方法和步骤】

BrdU 分期法:

(1)采正常人静脉血,肝素抗凝。

(2)将抗凝血无菌分装在无菌瓶内,放 37℃保温。

(3)分别在 37℃保温条件下,用 γ 射线照射。

(4)照射后将血放于 37℃温箱,放置 2 h。

(5)将培养液分装在培养瓶内,每瓶含 RPMI 1640 液 2.0 mL,每一份样品同时培养两瓶,并注明标本号。

(6)每瓶培养液加入血 0.2 mL,PHA 0.1 mL 及 200 ug/mL BrdU 0.1 mL,混匀后 37℃避光培养。

(7)培养 52 h 收集细胞。收集细胞前 4～6 h 于每个培养瓶内加秋水仙碱 1 滴(最终浓度为 0.2 ug/mL),培养终了时收集细胞、制片、染色即可用于观察畸变(见实验 2.22)。

**【实验注意事项】**

(1)操作中要严格遵守无菌操作原则。

(2)采血时注意不要加入太多的肝素,肝素过多可引致溶血和抑制淋巴细胞转化和分裂。

(3)血液离体后要保持 37℃（包括照射时）。

(4)加入培养液及 BrdU 的量要准确。

(5)加入 BrdU 时仍要避光培养。

(6)器皿要洗涤干净,避免酸性或碱性物质残留。

# 实验 2.22　照射人离体血淋巴细胞染色体标本制备(二)

## 【实验目的】

通过实际操作,了解并掌握染色体标本制备及检测方法。

## 【实验原理】

同实验 2.21,经过短期的培养,秋水仙素处理,低渗和固定,就可以获得大量的中期有丝分裂细胞。在整个染色体标本的制备中,制片过程是关键。只有优良的标本,才能观察到典型的细胞分裂相。本试验是实验 2.20 的继续,亦是关键的步骤。

## 【实验仪器和试剂】

冰箱、离心机、37℃恒温箱、10 mL 离心管、试管架、滴管、定时钟、酒精灯、脱脂玻片、火柴、烧杯、称量天秤、量筒、0.5% KCl 溶液、Carnoy 固定液(甲醇∶冰醋酸＝3∶1 混合液,用前配制)、Giemsa 母液(先将少量甘油加入研钵中,将 0.5 g Giemsa 粉充分研细,再倒入剩余甘油,甘油总量为 33 mL,并在 56℃温箱中保温 2 h,然后再加入甲醇混匀,储存在棕色瓶内)

## 【实验方法和步骤】

(1)收集培养物。培养到 52 h 取出培养瓶,轻轻去掉瓶盖,然后两瓶平行标本合并移入 10 mL 离心管内。如培养物取出时已混,则两瓶混匀后移入 10 mL 离心管中,与对照平衡后 1 500 r/min 离心 5 min,吸去上清留底液。

(2)低渗。往已有培养物的离心管内加入 0.5% KCl 溶液 8 mL,混合后放 37℃保温低渗 10 min。

(3)预固定:低渗后加固定液 0.5 mL,混匀后 1 000 r/min 离心 5 min,用滴管去掉上清(要尽量把上清去净,但不能丢失沉淀物)。

(4)固定:将沉淀物轻轻混匀后,沿离心管壁加入固定液并迅速轻轻与沉淀物混合,有块状物要打散,然后加固定液至 3～4 mL,盖上盖子,放 37℃保温固定 15 min。固定后以 1 000 r/min离心 5 min,取出后去上清(要尽量把上清去净,但不能丢失沉淀物),如此反复再固定 2 次。

(5)制片:第三次固定后去上清,留沉淀物 0.2～0.4 mL,混匀后用滴管吸取细胞悬液,滴在已预先在 4℃冰冻的干净玻片上。每片 1～2 滴,用嘴轻轻吹散,在酒精灯火焰上微微烤干。

(6)染色:用 Giemsa 母液和磷酸缓冲液(pH 6.8)按 1∶10 配成染色液,将所制成的玻片染 20 min。自来水略洗,晾干。

(7)镜检:在显微镜下寻找染色体分散适宜、不重叠、形态清晰的分裂相,然后在油镜下仔细观察染色体的形态和数目,记录畸变数量,计算畸变率。

## 【实验结果与讨论】

绘制畸变率与照射剂量关系的曲线。畸变率是以 100 个细胞或每个细胞有多少个畸变显示。每个标本分析 100 个中期细胞,计算染色体畸变率。由 0 Gy 组结果计算出自发畸变率,求出辐射诱导的染色体畸变率(见表 2.19),根据畸变率和照射剂量的关系绘制曲线并求出曲线回归方程。分析细胞的数量应符合统计学要求,具体要求请同学们参考《医学放射生物学》教材中相关的章节。

**表 2.19　受照淋巴细胞染色体畸变率**

| 照射剂量/(Gy) | 染色体结构改变 | | |
| --- | --- | --- | --- |
| | 双着丝粒染色体 | 环状染色体 | 无着丝粒片段 |
| 0 | | | |
| 0.1 | | | |
| 0.2 | | | |
| 0.5 | | | |
| 1.0 | | | |
| 2.0 | | | |
| 4.0 | | | |
| 6.0 | | | |

**【实验注意事项】**

(1)收集培养物要尽量完全。

(2)低渗处理是实验成功的关键,其目的是使细胞体积胀大,染色体松散。低渗液与培养物为 4:1。低渗时间要准确,如果时间过短,染色体相互重叠,交叉,观察时无法辨别和计数;如果时间过长,会造成细胞破裂,染色体丢失,不能准确计数。

(3)第一次固定时,一定要把沉淀打散混匀但动作要轻。

(4)玻片要事先冷却,取出后快速滴片以保证染色体分散良好。每例最少要制 2~3 张标本片。

**【思考题】**

(1)培养基中添加 PHA 和小牛血清的作用是什么?

(2)电离辐射后染色体有哪些改变?

(3)建立生物剂量计的意义?

# 附　　录

## 附录 I　放射性核素的安全操作

放射性核素标记和示踪技术,是近数十年发展起来的新技术,并已广泛应用于基础医学和临床医学各学科的实验研究以及疾病的诊断、治疗。所以,从事实验医学或医疗、护理工作的人员,接触放射性核素的机会也愈来愈多。为了确保安全,避免事故,我们介绍一些安全操作的基本知识,以备参考。

1. 放射性核素实验室的设置

使用放射性核素的单位,都应设立专门的放射性核素实验室。根据用量的大小,应选择适当的场所建立实验室,室内应设有良好的通风设备,如通风柜、密闭箱或手套等,并设有放射性核素保藏柜(或井)、废物存贮桶、清洗池、卫生处理间,以及专用的操作器材、防护用品和辐射检测仪器等。

无论何种情况下,在操作放射性核素时,都必须严格遵守放射性操作的共同规则,详见以后各项。

2. 用量限制

要根据试验或医疗需要,很好地估算放射性浓度和用量,把用量限制在最小的程度。在实验和医疗应用时,只取出经过估算并稀释的应用液,多余的放射性物质或高浓度母液应放在专用实验室的保藏柜内,妥善保管。

3. 时间限制

任何放射性核素操作,都要做好充分准备,尽量缩短接触时间。尤其是操作 γ 放射性核素时更是如此。因此,要求操作要熟练、准确,器材准备要充分。必要时可进行空白操作练习。一切计划、器材、计算都要准备妥善后,才能进行正式操作。切不可边操作、边准备,以致拖延时间,增加不必要的照射。

4. 远距离操作

一切放射性操作,都要尽可能加大与放射源的距离,特别是 γ 和高能 β 放射性核素时,更要注意增大距离。所以,放射性核素试验室,应根据工作需要制作一些远距离操作的器材,如长柄钳、长柄镊、长柄开瓶器等。

5. 屏蔽

为减少外照射,操作 γ 放射性核素时,应用铅玻璃屏蔽,铅玻璃防护眼镜。操作 β 放射性核素时,应用有机玻璃和铅玻璃双重屏蔽,戴普通玻璃防护眼镜。贮存放射性核素,也要加足够的屏蔽。转运放射性核素时,应将 γ 放射性核素生成器放在铅罐内;转运 β 放射性核素时铅罐内还应衬以有机玻璃。

6. 放射性核素的吸取

从瓶中吸取放射性溶液,都要用特制的吸液器,切不可用嘴吸取。任何情况下,都不可用裸露的皮肤直接接触放射性物质。

7. 开瓶和分装

分装和稀释高活性的放射性溶液,或购来的放射性物质原瓶开瓶等操作,都应在专用实验室的通风柜、密闭箱或手套内进行,不可在普通实验室内操作。

8. 放射性核素应用液的传送

放射性核素的应用液在实验室内或较近处实验室之间的传递,都应将有放射性核素的容器放在垫有吸水纸的瓷盘内,不可用手直接持容器。其他放射性样品的传送也是参照此法进行。

9. 临床用药

临床给病人服用放射性药物时,应将盛有放射性药物的玻璃杯放在铅罐内送入病房,并要看着病人服药。给病人注射放射性制剂或药物溶液时,若用量很小,注射器不必增加屏蔽;若用量很大,则可将注射器放在特制的铅防护套内。

10. 个人防护

操作开放型放射性核素时,必须穿工作服、戴工作帽和口罩,并需戴橡皮手套和防护眼镜(必要时应穿工作鞋)。长期从事放射性工作或操作高活性核素者,还应佩戴个人剂量仪。

为防止污染,一切操作都应使用器械,任何时候不允许用裸露的手直接接触放射性物质或拿取有放射性污染的用品。工作完毕,应用肥皂洗手。但注意在操作 $^{32}P$ 时,切不可用肥皂洗手。

11. 放射性废物的收集和处理

凡含有放射性的废物都称之为放射性废物,放射性废物应与一般废物分开收集。收集放射性废物的容器不可有破裂或渗漏。含有放射性的动物尸体应用 10% 福尔马林浸泡后贮存。

短半衰期低活性的放射性废物,如 $^{32}P$,$^{99m}Tc$,$^{125}I$,$^{131}I$ 等废物,放置 7~10 个半衰期后即可按一般废物处理。如属长半衰期的放射性废物,如 $^{90}Sr$、$^{137}Cs$ 等废物,则需专门处理。

12. 去污

操作开放型放射性核素,必然会造成容器或器材的污染,有时因不慎而造成失落,亦可造成台面、地面等污染,所以必须熟知放射性污染去污方法。凡是操作放射性核素的台面,都必须时光滑易去污的物质,如塑料板、不锈钢板等,或者在铺垫吸水纸的瓷盘内进行。物体表面去污的原则是:要尽早去污,选择适当的去污方法和去污剂,避免扩大污染范围,并注意去污过程中的防护。

(1)体表去污。一般皮肤的轻微污染,可用肥皂清洗皮肤,然后用清水冲洗,可反复 2~3 次,如不能去净,则可用 10%EDTA 液或 7.5%DTPA 液刷洗,然后用清水冲洗。手套的去污与此相同。

被 $^{125}I$ 或 $^{131}I$ 污染时,不能用肥皂洗,可先用 5%~10% $Na_2HPO_4$ 溶液洗涤,再以 5% 柠檬酸洗涤,效果很好。

(2)设备去污。主要是采用化学法,即用能够溶解或吸附放射性物质的试剂去污。也可用机械法去污,即擦、涮、切、刨等方法去污。根据物品的性质选用适当的方法,通常也可几种方法交替使用。

玻璃器皿的去污可先用水冲洗,然后浸于 3% 柠檬酸溶液中 1 h,取出后用水冲洗。如仍不能去污,则浸入洗液(即重铬酸钾浓硫酸饱和溶液)中 15 min 后取出再用水冲洗。

金属器械可用水洗涤,如不能去污,可按不同材料选择去污剂。不锈钢用 2N 稀硝酸浸泡

15 min,必要时去污剂可先加热后刷洗,然后用清水洗干净(切忌用 HCl 或 $H_2SO_4$ 洗涤);弱碱溶液浸洗中和,最后再用水冲洗。

普通金属器材污染后,迅速用去污粉擦洗亦有效果。

木质或水泥地上的放射性污染,只能用覆盖、刨削、更新等方法消除放射性污染。一般去污剂擦洗很难奏效。

# 附录Ⅱ　旧用单位与法定计量单位的换算表

| 量的名称 | 旧用单位 | 法定计量单位 | 换算系数<br>(旧用单位→法定单位) |
|---|---|---|---|
| 放射性活度 | 居里/Ci | 贝克/Bq | $3.7 \times 10^{10}$ |
| 比放射性活度 | 微居里/$(\mu Ci \cdot g^{-1})$ | 贝克/(Bq/kg) | $3.7 \times 10^{7}$ |
| 表面沾染量 | 千蜕变/厘米$^2$ | 贝克/(Bq/m$^2$) | $16.67 \times 10^{4}$ |
| 照射量 | 伦/R | 库伦/(C/kg) | $2.58 \times 10^{-4}$ |
| 吸收剂量 | 拉德/rad | 戈瑞/Gy | $10^{-2}$ |
| 当量剂量 | 雷姆/rem | 希沃特/Sv | $10^{-2}$ |
| 光冲量 | 卡/(cal/cm$^2$) | 焦耳/(J/m$^2$) | $4.186\ 3 \times 10^{4}$ |
| 压强 | 公斤/(kg/cm$^2$) | 帕斯卡/Pa | $9.806\ 6 \times 10^{4}$ |
| 血压 | 毫米汞柱/mmHg | 帕斯卡/Pa | $133.322$ |
| 红细胞计数 | 百万/($10^6$/mm$^3$) | $10^{12}$/L | 1 |
| 白细胞计数 | 每立方毫米/mm$^{-3}$ | $10^9$/L | 0.001 |
| 血小板计数 | 每立方毫米/mm$^{-3}$ | $10^9$/L | 0.001 |
| 血红蛋白 | 克/(g $\cdot$ dl$^{-1}$) | 克/(g/L) | 10 |

注:照射量与吸收剂量的换算比较复杂。为简便计,在放射性防护方面,暂可作如下近似换算:

1 R≈rad≈0.01 Gy

1 C/kg≈38.76 Gy

# 附录Ⅲ 人体化学成分和参考人基本参数

## 人体化学成分

| 化学元素 | 百分比/（%） | 质量大约数/g |
|---|---|---|
| O | 61.0 | 43 000 |
| C | 23.0 | 16 000 |
| H | 10.0 | 7 000 |
| N | 2.6 | 1 800 |
| Ca | 1.4 | 1000 |
| P | 1.1 | 780 |
| S | 0.2 | 140 |
| K | 0.2 | 140 |
| Na | 0.14 | 100 |
| Cl | 0.12 | 95 |
| Mg | 0.027 | 19 |
| Fe | 0.006 | 4.2 |
| Zn | 0.003 3 | 2.3 |
| Cu | 0.000 1 | 0.072 |
| I | 0.000 02 | 0.013 |
| Mn | 0.000 02 | 0.012 |

注：摘录自 ICRP 第 23 号出版物。

## 参考人基本参数

| 参　数 | 男　性 | 女　性 |
|---|---|---|
| 体重/kg | 70 | 58 |
| 身高/cm | 170 | 160 |
| 体表面积/m² | 1.8 | 1.6 |
| 相对密度/ | 1.07 | 1.04 |
| 全身含水量（每 kg） | 0.62 | 0.52 |
| 细胞间含水量（每 kg） | 0.34 | 0.32 |
| 全身血液体积/L | 5.2 | 3.9 |
| 全身血液质量/kg | 5.5 | 4.1 |

# 附录 Ⅳ　成年人主要器官的质量

单位:g

| 器　官 | 男　性 | 女　性 |
|---|---|---|
| 全身 | 70 000 | 58 000 |
| 骨骼肌 | 28 000 | 17 000 |
| 脂肪 | 13 500 | 16 000 |
| 骨髓 | | |
| 不含骨髓 | 7 000 | 4 200 |
| 红骨髓 | 1 500 | 1 300 |
| 黄骨髓 | 1 500 | 1 300 |
| 血液 | 5 500 | 4 100 |
| 皮肤和皮下组织 | 2 600 | 1 790 |
| 肝脏 | 1 800 | 1 400 |
| 脑 | 1 400 | 1 200 |
| 胃肠道 | 1 200 | 1 100 |
| 胃肠道各部分 | | |
| 胃 | 250 | 缺 |
| 小肠 | 400 | 缺 |
| 大肠上段 | 220 | 缺 |
| 大肠下段 | 135 | 缺 |
| 肺(含血液) | 1 000 | 800 |
| 淋巴组织 | 700 | 580 |
| 乳房 | 26 | 380 |
| 肾 | 310 | 275 |
| 心脏(不含血液) | 330 | 240 |
| 脾 | 180 | 150 |
| 胰 | 100 | 85 |
| 涎腺 | 85 | 70 |
| 子宫(未孕) | — | 80 |
| 牙齿 | 46 | 41 |
| 膀胱 | 45 | 45 |

续表

| 器　官 | 男　性 | 女　性 |
|---|---|---|
| 睾丸 | 35 | — |
| 脊索 | 30 | 28 |
| 胸腺 | 20 | 20 |
| 甲状腺 | 20 | 17 |
| 前列腺 | 16 | — |
| 眼睛 | 15 | 15 |
| 肾上腺 | 14 | 14 |
| 卵巢 | — | 11 |

注:摘录自 ICRP 第 23 号出版物。

# 参 考 文 献

［1］ 翟建才.简明医用原子核物理学［M］.北京:原子能出版社,2004.

［2］ 张铭,等.医学放射生物学实验指导(本科生教材).长春:白求恩医科大学,1999:1-26.

［3］ 任东青,等.放射生物学实验技术.西安:第四军医大学出版社,2004.

［4］ 刘树铮,等.医学放射生物学.北京:原子能出版社,2006.

# 辐射防护实验报告册

张晓红　刘希琴　凌永生　编著

西北工业大学出版社

【内容简介】 本书主要包含实验基础知识和实验操作两部分内容,实验操作部分涉及辐射剂量学、放射卫生防护及放射生物学 3 个学科的 22 个基础实验。

本书可作为高等学校辐射防护及核安全、核技术、放射医学、预防医学以及医学物理专业本科生的实验课教材。

图书在版编目(CIP)数据

辐射防护实验教程:含报告册/张晓红,刘希琴,凌永生编著. —西安:西北工业大学出版社,2016.7

ISBN 978 - 7 - 5612 - 4989 - 5

Ⅰ.①辐…  Ⅱ.①张…②刘…③凌…  Ⅲ.①辐射防护—实验—高等学校—教材  Ⅳ.①TL7 - 33

中国版本图书馆 CIP 数据核字(2016)第 184405 号

出版发行:西北工业大学出版社
通信地址:西安市友谊西路 127 号   邮编:710072
电    话:(029)88493844   88491757
网    址:www.nwpup.com
印 刷 者:陕西博文印务有限公司
开    本:787 mm×1 092 mm    1/16
印    张:9.75
字    数:228 千字
版    次:2016 年 7 月第 1 版    2016 年 7 月第 1 次印刷
定    价:25.00 元

# 目　　录

# 实验 2.1  γ 辐射场剂量率的测定

班级：        学号：        姓名：        时间：

1. 实验原理

2. 实验仪器和试剂

3. 实验步骤

4. 实验结果

5. 结果分析

6. 思考题解答

# 实验 2.2　基于热释光剂量计的个人剂量估算

班级：　　　　　学号：　　　　　姓名：　　　　　时间：

1. 实验原理

2. 实验仪器和试剂

3. 实验步骤

4. 实验结果

5. 结果分析

6. 思考题解答

# 实验 2.3 硫酸亚铁剂量计的制备

班级：　　　　学号：　　　　　　姓名：　　　　时间：

1. 实验原理

2. 实验仪器和试剂

3. 实验步骤

**4. 实验结果**

5. 结果分析

6. 思考题解答

# 实验 2.4  重铬酸银剂量计的制备

班级：　　　　学号：　　　　姓名：　　　　时间：

1. 实验原理

2. 实验仪器和试剂

3. 实验步骤

4. 实验结果

5. 结果分析

6. 思考题解答

# 实验 2.5  空气中氡浓度的监测与评价

班级：　　　　学号：　　　　　姓名：　　　　时间：

1. 实验原理

2. 实验仪器和试剂

3. 实验步骤

4. 实验结果

5. 结果分析

6. 思考题解答

# 实验 2.6　土壤中氡浓度的监测与评价

班级：　　　　学号：　　　　姓名：　　　　时间：

1. 实验原理

2. 实验仪器和试剂

3. 实验步骤

4. 实验结果

5. 结果分析

6. 思考题解答

# 实验 2.7 高纯锗伽马谱仪的能量刻度

班级：　　　　学号：　　　　　姓名：　　　　时间：

1. 实验原理

2. 实验仪器和试剂

3. 实验步骤

4. 实验结果

5. 结果分析

6. 思考题解答

# 实验 2.8　放射性核素的定性检测

班级：　　　　学号：　　　　姓名：　　　　时间：

1. 实验原理

2. 实验仪器和试剂

3. 实验步骤

4. 实验结果

5. 结果分析




6. 思考题解答

# 实验 2.9 $^{137}$Cs 放射性核素的活度检测

班级：　　　　学号：　　　　　姓名：　　　　　时间：

1. 实验原理

2. 实验仪器和试剂

3. 实验步骤

4. 实验结果

5. 结果分析

6. 思考题解答

# 实验 2.10　放射性沾染区人员外照射剂量估算

班级：　　　学号：　　　姓名：　　　时间：

1. 实验原理

2. 实验仪器和试剂

3. 实验步骤

4. 实验结果

5. 结果分析

6. 思考题解答

# 实验 2.11　γ 射线外照射防护

班级：　　　　学号：　　　　姓名：　　　　时间：

1. 实验原理

2. 实验仪器和试剂

3. 实验步骤

4. 实验结果

5. 结果分析

6. 思考题解答

# 实验 2.12　人员体表放射性沾染检测

班级：　　　　学号：　　　　姓名：　　　　时间：

1. 实验原理

2. 实验仪器和试剂

3. 实验步骤

4. 实验结果

5. 结果分析




6. 思考题解答

# 实验 2.13 $^{131}I$ 体内分布和稳定性碘阻抑$^{131}I$ 在甲状腺内蓄积

班级： 学号： 姓名： 时间：

1. 实验原理

2. 实验仪器和试剂

3. 实验步骤

4. 实验结果

5. 结果分析

6. 思考题解答

# 实验 2.14　皮肤、伤口部位放射性沾染的消除

　　班级：　　　　学号：　　　　姓名：　　　　时间：

1. 实验原理

2. 实验仪器和试剂

3. 实验步骤

4. 实验结果

5. 结果分析

6. 思考题解答

# 实验 2.15　食品、药品、水源和卫生防护器材放射性沾染的检测及除污染

班级：　　　学号：　　　　　姓名：　　　　　时间：

1. 实验原理

2. 实验仪器和试剂

3. 实验步骤

4. 实验结果

5. 结果分析

6. 思考题解答

# 实验 2.16　药品感生放射性比活度测量

班级：　　　　学号：　　　　姓名：　　　　时间：

1. 实验原理

2. 实验仪器和试剂

3. 实验步骤

4. 实验结果

5. 结果分析

6. 思考题解答

# 实验 2.17 小鼠 γ 射线照射后 LD50/15 的测定

班级:　　　　学号:　　　　姓名:　　　　时间:

1. 实验原理

2. 实验仪器和试剂

3. 实验步骤

4. 实验结果

5. 结果分析

6. 思考题解答

# 实验 2.18  γ 射线照射细胞 DNA 双链断裂的检测

班级：　　　　　学号：　　　　　姓名：　　　　　时间：

1. 实验原理

2. 实验仪器和试剂

3. 实验步骤

4. 实验结果

5. 结果分析










6. 思考题解答

# 实验 2.19　小鼠骨髓造血干细胞剂量－存活曲线的测定

班级：　　　　学号：　　　　姓名：　　　　时间：

1. 实验原理

2. 实验仪器和试剂

3. 实验步骤

**4. 实验结果**

5. 结果分析

6. 思考题解答

# 实验 2.20 γ射线照射后人外周血淋巴细胞微核率的测定

班级： 学号： 姓名： 时间：

1. 实验原理

2. 实验仪器和试剂

3. 实验步骤

4. 实验结果

5. 结果分析

6. 思考题解答

# 实验 2.21 照射人离体血淋巴细胞染色体标本制备(一)

班级: 学号: 姓名: 时间:

1. 实验原理

2. 实验仪器和试剂

3. 实验步骤

**4. 实验结果**

5. 结果分析




6. 思考题解答

# 实验 2.22　照射人离体血淋巴细胞染色体标本制备(二)

　　　班级：　　　　　学号：　　　　　姓名：　　　　　时间：

1. 实验原理

2. 实验仪器和试剂

3. 实验步骤

4. 实验结果

5. 结果分析




6. 思考题解答